式
図解
最強に面白い!!

食と栄養

はじめに

ハリのある肌になるために，「コラーゲン」を補うのがいいという宣伝文句を，一度は聞いたことがあるのではないでしょうか。しかしコラーゲン入りの食品やサプリメント，化粧品をいくら使っても，残念ながら，肌にハリは生まれないようです。

コラーゲンは，皮膚などに含まれるタンパク質の一種です。ハリのある肌には，たしかにコラーゲンがたくさん含まれています。ところが食品などから体内に吸収されるのは，切断されたコラーゲンの断片です。そしてコラーゲンの断片は，体内でさまざまなタンパク質の材料になったり，エネルギー源になったりします。吸収されるコラーゲンが，必ずしも自分の皮膚の材料になるわけではないのです。

本書は，食と栄養について，科学的に正しい知識をゼロから学べる1冊です。“最強に”面白い話題をたくさんそろえましたので，どなたでも楽しく読み進めることができます。食と栄養の世界を，どうぞお楽しみください！

ニュートン式
超図解 最強に面白い!!

食と栄養

1. 注目の食品の正しい知識

1 コラーゲンを食べても，ハリのある肌にはならない！ ……………10
2 乳酸菌は，胃でほとんど死ぬけど役に立つ ……………12
3 「グルテンフリー」で，病気を予防できるわけではない ……………14
4 「グルコサミン」が関節の痛みに効くか，だれも知らない ……………16
5 「β-カロテン」は，がんを予防してくれない ……………18
コラム 人間はなぜ１日３食？ ……………20
6 玄米のほうが，白米よりも，栄養豊富で体にいい ……………22
7 加工肉を食べすぎると，死の危険がせまる！ ……………24
8 オリーブオイルは，評判通り体にいい ……………26
9 ブルーベリーを食べても，疲れ目はよくならない ……………28
コラム 博士！教えて!! ライオンは，野菜なしでいいの？ ……………30

2. 食と健康の気になる関係

1 糖質制限は，やせやすいけど危険かも……………34

2 「ビーガン」は，けっして栄養不足ではない……………36

3 ポテトを高温で揚げると，発がん性物質ができる！……………38

4 厚生労働省「食品添加物は，安全なものだけ」……………40

コラム 食パンの「食」とは何？……………42

5 カロリーゼロ表示でも，ゼロとは限らない……………44

6 植物油は，いうまでもなく「コレステロール」ほぼゼロ……………46

7 「プリン体ゼロ」の酒でも，通風になってしまう……………48

8 「糖質ゼロ」と「糖類ゼロ」のちがいは，糖の種類のちがい……………50

9 WHO「成人は，食塩１日5g未満におさえて」……………52

10 「ポリフェノール」で，老化を防げるかはわからない……………54

11 消費者庁「トクホは，安全性や有効性を審査しています」……………56

4コマ 処刑されたラボアジエ……………58

4コマ 生理学，栄養学，化学に貢献……………59

3. 5大栄養素を正しく知ろう

1 5種類の主要栄養素が，ヒトの体をつくる……………62

2 炭水化物でダッシュ！　体のエネルギー源……………64

3 筋肉も皮膚も髪も，すべてタンパク質……………66

コラム 世界一低カロリーな果物，キュウリ！……………68

4 たくわえられた油は，予備のエネルギー源……………70

5 ビタミンがないと進まない。体内の化学反応……………72

6 ミネラルは，骨や歯，体液の成分になる……………74

4コマ タンパク質の発見……………76

4コマ 3大栄養素とプラウト……………77

4. 健康と美容によい食事

1 子どもは，スナック菓子ばかり食べてはいけない……………80

2 成人は，食べすぎても食べなすぎてもいけない……………82

3 食べ過ぎと運動不足の集大成が，肥満……………84

4 脂肪分や糖分のとりすぎをやめて，ダイエット……………86

5 やせすぎを改善する，高カロリーで食べやすい食事……………88

コラム 博士！教えて!!　頭の良くなる食べ物ってあるの？……………90

6 美しい肌になりたければ，タンパク質をとろう……………92

7 脱毛や白髪を解決できる食事はないという現実……………94

4コマ 脚気の原因の究明……………96

4コマ 鈴木梅太郎とライバルの戦い……………97

5. 病気になったときの食事

1 便秘になったら，刺激的な食事で大腸に活！ ……………100
2 口内炎になったら，やわらかい食べ物でしのぐ ……………102
3 胃炎になったら，消化しやすい食事で胃をいたわる ……………104
コラム 博士！教えて!! 食べてすぐ寝ると牛になる ……………106
4 風邪になったら，栄養や水分をとって体を休めよう ……………108
5 食中毒になったら，まずは飲み物から栄養をとる ……………110
6 とにかくレバー。貧血の緩和には，「ヘム鉄」が効果的 ……………112
7 「骨粗鬆症」の予防には，カルシウムやビタミンD ……………114
コラム 博士！教えて!! 給食の献立は，だれが決めてるの？ ……………116
8 塩追放！ 高血圧は，だしや香辛料を使って改善 ……………118
9 肉よりも魚。コレステロール減で，「動脈硬化」を予防 ……………120
10 酒や高カロリーな食事が，肝臓をこわす ……………122
11 「通風」になったら，酒とも肉ともお別れするしかない ……………124

1. 注目の食品の正しい知識

コラーゲンや乳酸菌などの，体にいいといわれる成分を含む食品が，世の中に広まっています。しかしこうした食品の中には，科学的な根拠のとぼしいものも，数多くあります。第1章では，注目の食品の，正しい知識を紹介しましょう。

1 コラーゲンを食べても，ハリのある肌にはならない！

コラーゲンは，胃腸でバラバラに分解される

「プルプルのコラーゲンで美肌に！」といったたぐいの宣伝文句をよく目にします。コラーゲンとは，皮膚の材料となるタンパク質の一種です。コラーゲンの多い皮膚には，確かにハリがあります。**しかし，コラーゲンを食べたからといって，それが体の中でそのまま皮膚に使われるわけではありません。** あらゆるタンパク質は，食べると胃腸の

食べたコラーゲンの分解

食品中のコラーゲンが，胃腸の中で消化吸収されていく流れをえがきました。食品中のコラーゲンは，加熱などの調理によって，分子がほどかれた状態になります。さらに食べたあとには，胃腸の消化酵素によって分解され，吸収されます。

1. コラーゲンの分子構造
生の食材のコラーゲンは，
3本のアミノ酸の鎖がからみあった
分子構造をしています。

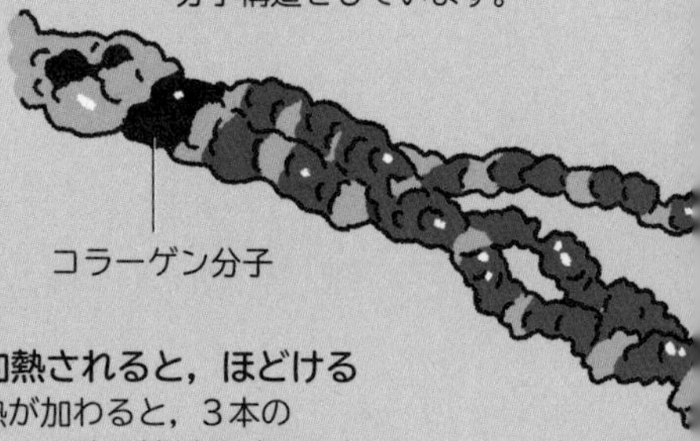

2. 加熱されると，ほどける
熱が加わると，3本の
アミノ酸の鎖がほどけます。
これはゼラチンと同じものです。

消化酵素のイメージ

はたらきでバラバラに分解されてから，吸収されます。そして膨大な種類があるタンパク質の材料として使われたり，体のエネルギー源になったりします。摂取されたコラーゲンが，実際の人体で美容効果をもつとする信頼性の高い証拠はありません。

吸収されやすくても，肌で使われる保証はない

低分子にして吸収されやすくしたなどとうたうコラーゲン製品も，販売されています。また，肌に塗るような製品もみられます。コラーゲンは低分子にすれば，確かに吸収はされやすくなります。**しかし，吸収されやすくなるからといって，コラーゲンをつくる細胞まで届いて肌のコラーゲンの原料として使われるという保証はありません。**

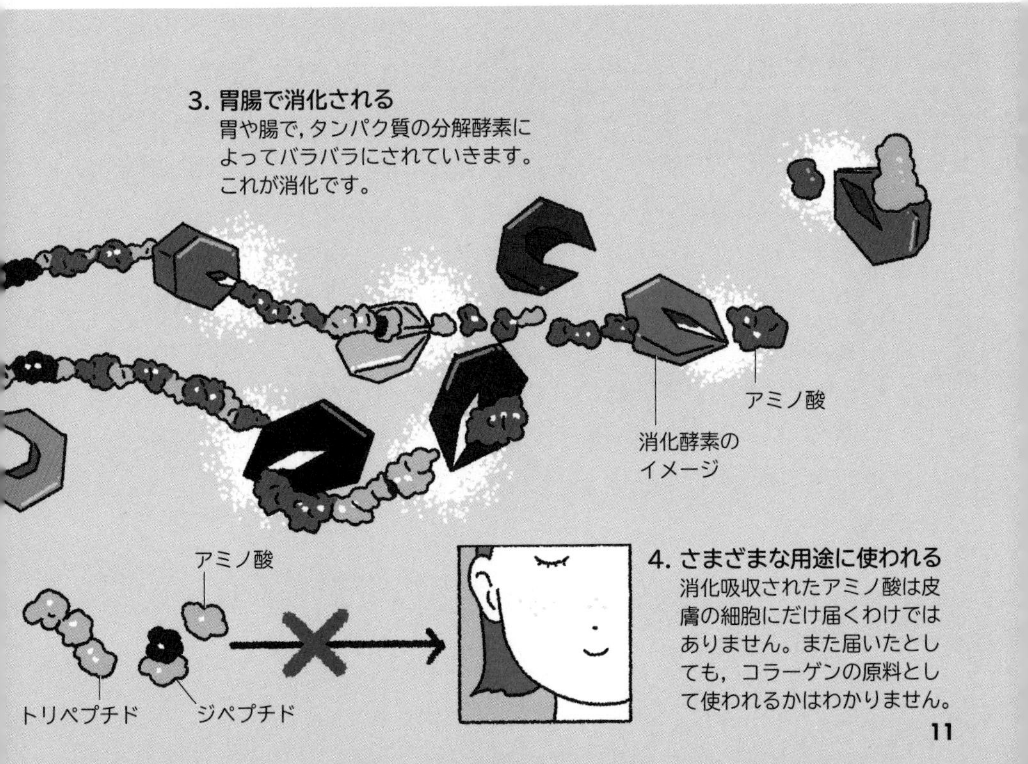

2 乳酸菌は，胃でほとんど死ぬけど役に立つ

胃で，多くの乳酸菌は分解される

乳酸菌を使った食品は，数多くあります。乳酸菌とは，糖を分解して「乳酸」という物質を多量につくる細菌のことです。「生きた乳酸菌が腸まで届く」などといわれますけれど，ほんとうでしょうか。

胃では，胃酸と消化酵素によって，ほかの食べ物といっしょに多くの乳酸菌は分解されます。しかし食事をした直後なら，食べ物によって胃酸が薄まり，乳酸菌は死ににくくなると考えられます。

便秘や下痢などを改善する効果はあるようだ

小腸までたどり着いた乳酸菌は，体内に取りこまれて，免疫系の過剰な反応であるアレルギー反応をおさえると考えられています。小腸の先の大腸では，乳酸菌が，腸内細菌の一種で有用なビフィズス菌をふやすというデータがあり，間接的に便秘や下痢などを改善する効果はあるようです。乳酸菌がつくる乳酸や酢酸が，腸の神経細胞にはたらきかけ，腸の筋肉を動かして排便をうながしている可能性もあります。死んだ乳酸菌の構成成分が，小腸や大腸で，免疫細胞を活性化させたり，排便をうながしたりする効果も期待できます。

乳酸菌のはたらき

胃，小腸，大腸を通るときの，乳酸菌のはたらきをえがきました。胃で乳酸菌の多くは分解されます。小腸でアレルギー反応をおさえたり，大腸で排便をうながしたりする効果があると考えられています。

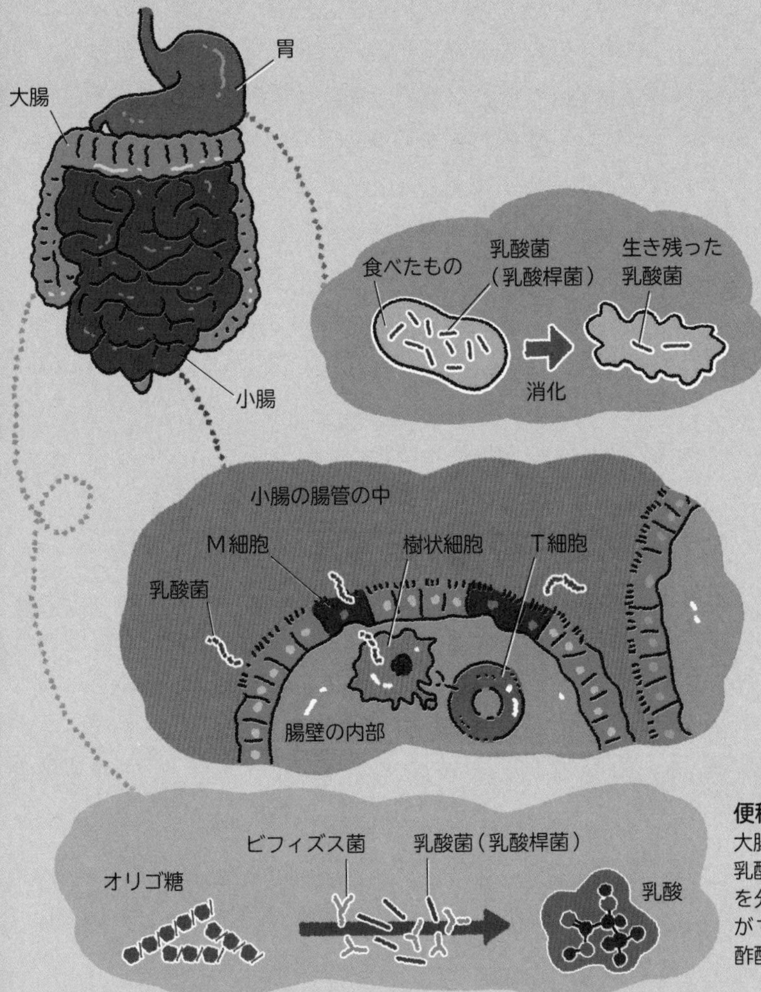

多くが死ぬ
胃酸と消化酵素によって，ほかの食べ物といっしょに多くの乳酸菌は分解され，一部は生き残ります。

免疫系に作用
小腸で乳酸菌は，M細胞を経由して樹状細胞に取りこまれ，T細胞に作用します。T細胞は，アレルギーの原因となる別の細胞の活動をおさえます。

便秘を予防
大腸で，ビフィズス菌や乳酸菌は，オリゴ糖などを分解して，排便をうながす作用がある乳酸や酢酸をつくります。

3 「グルテンフリー」で，病気を予防できるわけではない

セリアック病の人はグルテンをさける必要がある

「グルテン」という成分を含まない，グルテンフリー食品が数年前から話題になっています。**グルテンとはタンパク質の一種で，小麦やライ麦などに含まれます。**「セリアック病」という病気の人がグルテンを摂取すると，それを最終的に分解して取りこむ腸の細胞に炎症がおきたり，栄養を吸収する機能に不具合が生じたりします。セリアック病の人にとって，グルテンはさける必要がある物質です。

グルテンフリー食品が体によい根拠はない

病気の予防を期待して，乳児期にグルテンフリー食品を選ぶ場合があるようです。**しかし，セリアック病を予防できる根拠は見あたりません。また，セリアック病ではない人にとって，グルテンフリー食品が体によいという根拠はありません。**

小麦を食べるとお腹のぐあいが悪くなりやすい体質を，「グルテン不耐症」などとよぶことがありました。しかしこの体質がグルテンと関係するのかは不明なことから，医師らは2012年に，この用語を使うべきではないとしています。

グルテンフリーの食材

さまざまなグルテンフリーの食材をえがきました。アマランサスは，粒の大きさが1ミリ以下の雑穀です。鉄分などのミネラルを多く含んでいます。米に混ぜたり，サラダにトッピングしたりして食べます。ヒヨコ豆は，タンパク質を多く含んだ豆です。煮込み料理やスープの具材などとして使われます。

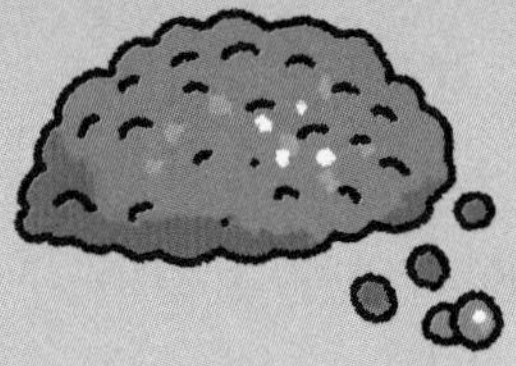
アマランサス

ヒヨコ豆

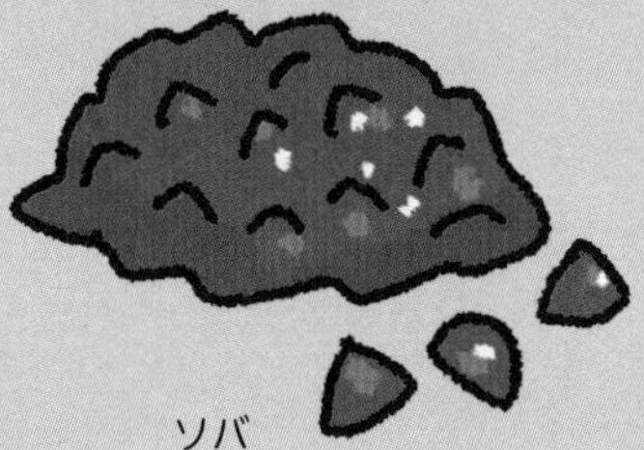
ソバ

アーモンド

米

4 「グルコサミン」が関節の痛みに効くか，だれも知らない

信頼できるデータは，見あたらない

高齢になると，膝関節のクッションとなる軟骨がすり減って，「変形性膝関節症」になることがあります。高齢者の中には，痛みや動きを改善しようと，軟骨の成分である「グルコサミン」を含むサプリメントを飲んでいる人もいるかもしれません。サプリメントとして売られているグルコサミンには，「N-アセチルグルコサミン」など，複数の種類があります。どのグルコサミンも「関節の痛みや動きを改善する」などとうたわれています。**しかし，国立健康・栄養研究所のデータベースでは，ヒトでの信頼できるデータは見あたらないとされています。**

軟骨を再生する能力が弱っている

グルコサミンは，基本的に分解はされずに吸収されます。原料を補充するので，いかにも効くような気がします。しかし効果は，あったとしても，わずかだと考えられています。**軟骨がすり減ってしまうのは，軟骨成分が分解される速さに対して，再生する能力が弱って追いつかなくなっているからです。**原料だけ入れても，そう簡単には元どおりにならないのです。

変形性膝関節症

イラストは，膝の軟骨がすり減って，歩行などの際に痛む変形性膝関節症のイメージです。N-アセチルグルコサミンが，グルクロン酸と交互に直線状につながったものが，膝関節の軟骨を構成する「ヒアルロン酸」です。

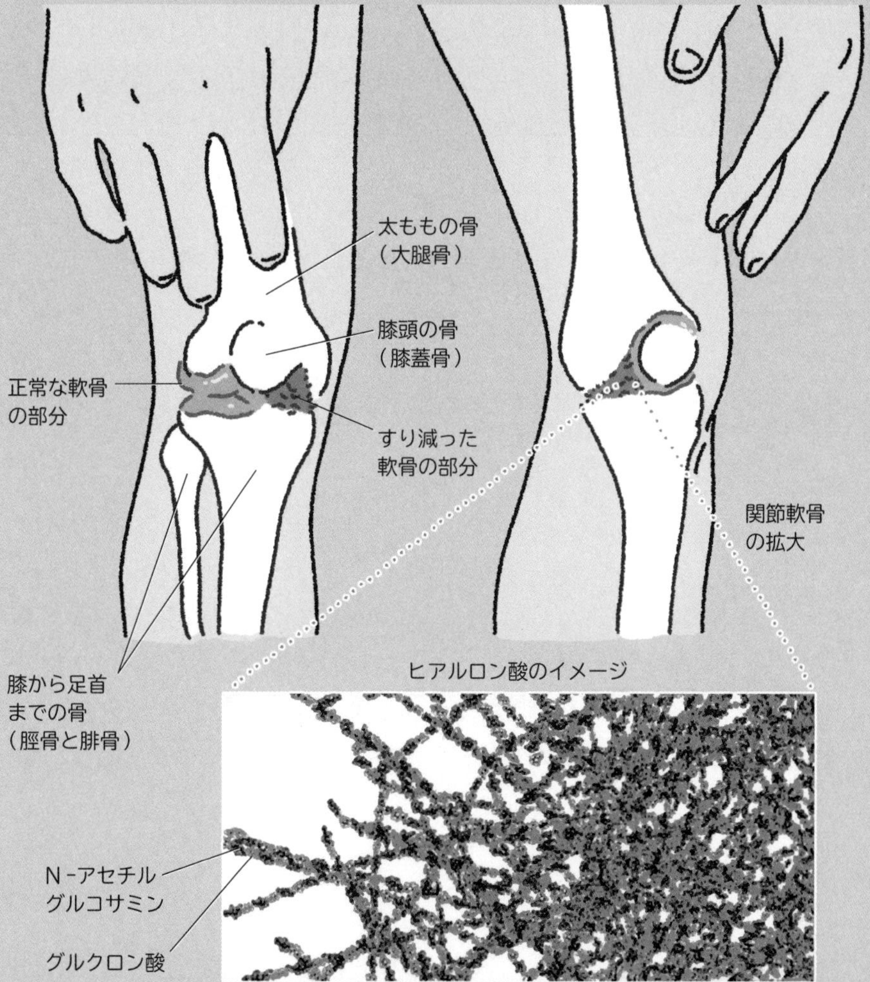

5 「β-カロテン」は，がんを予防してくれない

高頻度で摂取したところ，がんのリスクが上昇

緑黄色野菜に豊富な栄養素である「β-カロテン」のサプリメントが，広く売られています。1990年代，このβ-カロテンをとることで，がんを予防できるかどうかを検証する試験が行われました。**多くの研究の結果，がんの予防効果はおおむね否定されました。**それどころか，β-カロテンのサプリメントを毎日や1日おきといった高い頻度で何年にもわたってとりつづけると，場合によっては肺がんのリスクが約10～20%高まるといった悪影響すらあることがわかったのです。

ビタミン類はとりすぎると，悪影響があらわれる

β-カロテンは，ビタミンAの前段階にあたる物質の一つです。β-カロテンやビタミンA，ビタミンC，ビタミンEには，「抗酸化作用」があり，動脈硬化などの予防につながると考えられています。抗酸化作用とは，細胞やその構成成分が活性酸素などで酸化されるのを防ぎ，かわりに自身が酸化される作用のことです。**しかし，抗酸化物質は酸化されると活性状態になり，その量が多すぎると人体への悪影響があらわれる可能性が高まると考えられています。**

大量のサプリでがんリスク

β-カロテンを含むサプリメントの摂取と，病気のリスクとの関係をあらわしました。喫煙者らが，毎日20～30mgのβ-カロテンを含むサプリメントを摂取しつづけると，肺がんや胃がん，膀胱がん，心筋梗塞などのリスクが高まることがわかっています。20～30mgのβ-カロテンは，ニンジン約2本に含まれる量です。

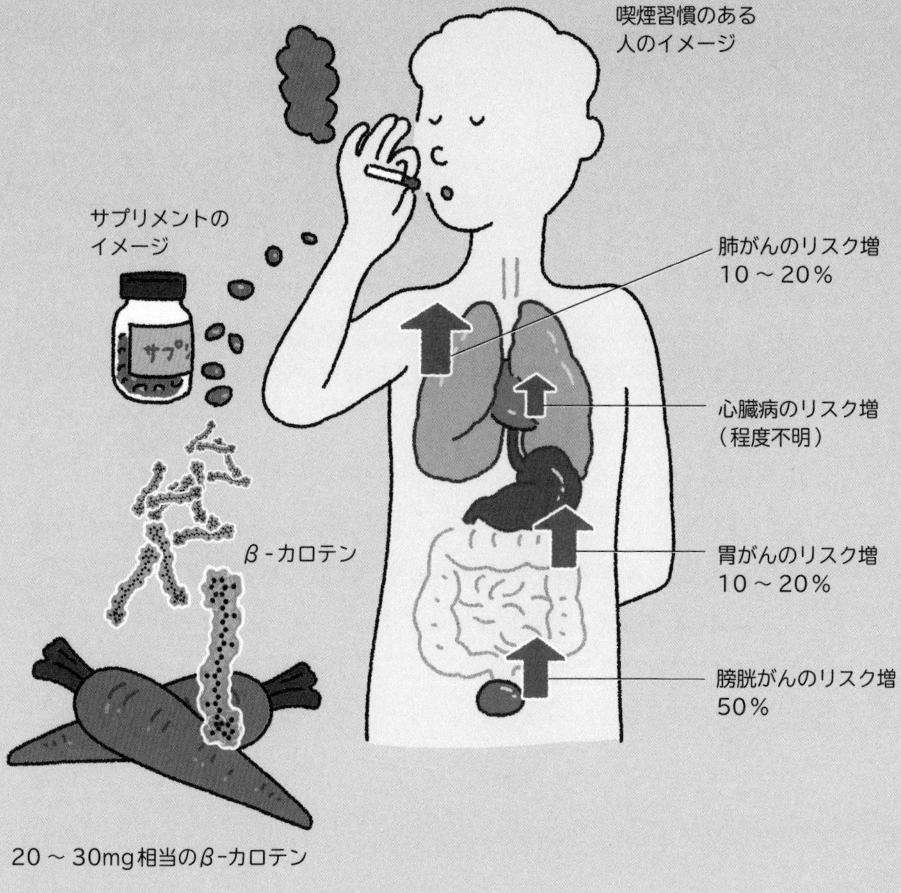

人間はなぜ１日３食？

現代社会では，食事はおおむね朝，昼，夜の３回が一般的です。ところが，昔はそうとは限りませんでした。**日本では，室町時代ぐらいまでは，朝と夕方の２回が普通でした。**朝起きてすぐ食べるのかと思いきや，ひと仕事してから朝食を食べたそうです。１日２食の時代，「昼《ひる》八《や》つ」の時間（午後２～４時ぐらい）に軽食をとることもあったようです。これが「おやつ」の語源だといわれています。

江戸時代になると，行灯《あんどん》の燃料である菜種油が普及したので，寝る時間が遅くなりました。**そのため，朝食と夕飯の間に昼食をとるようになり，１日３回の食事が定着しました。**

肥満の人が多い現代では，朝食を抜く方が健康的だという主張もあるようです。**しかし朝食を抜くと，朝食を食べた場合とくらべて，昼食後や夕食後に血糖値が上がりやすくなることがわかっています。**1日3食，バランスの良い食事を心がけるのがよさそうです。

6 玄米のほうが，白米よりも，栄養豊富で体にいい

糠は，さまざまな栄養素を多く含む

　イネの種子からもみがらをとりのぞいたものを，「玄米」といいます。さらに，玄米から糠《ぬか》の層と胚芽をけずりとったものが，白米です。**糠は，さまざまな栄養素を多く含みます。その点で，玄米は白米よりもすぐれています。**小麦などの麦類では，糠層や胚芽をとりのぞかない「全粒穀物」を多く食べる人ほど，死亡率が下がるというデータがあります。

玄米と白米のちがい

玄米と白米の，構造や成分の比較をしました。玄米をけずって白米にすると，脂質やビタミン類，鉄やマグネシウムなどのミネラル，食物繊維などの栄養素が多く取りのぞかれてしまいます。

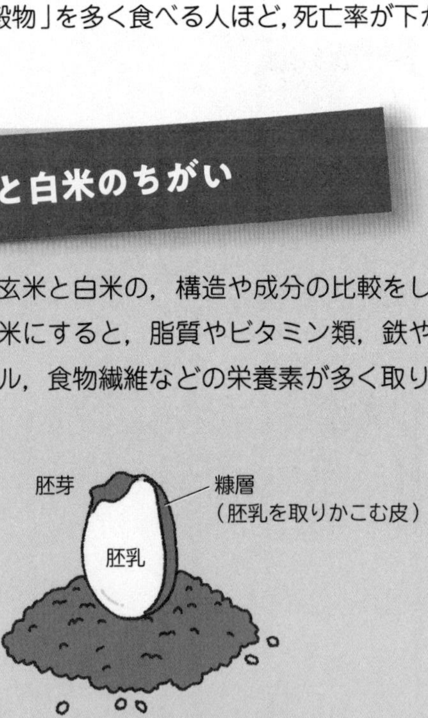

玄米
玄米は，もみがらをとりのぞいた状態の米です。イネの種子のうち，もみがら以外のすべての構成要素（糠層，胚芽，胚乳）を含んでいます。糠層があるために茶色くみえます。

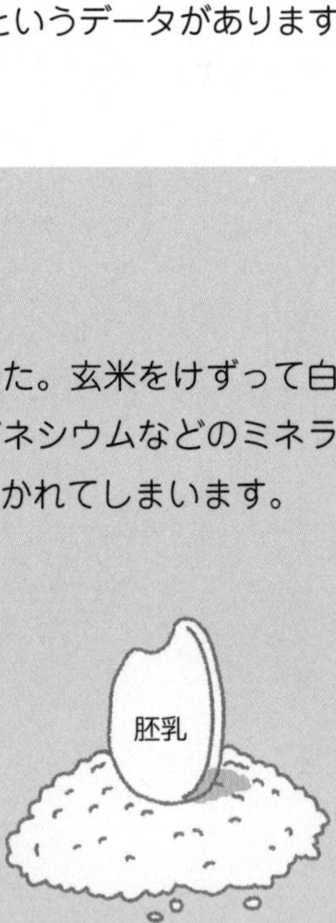

白米（精白米）
糠層と胚芽を取りのぞき，胚乳だけにしたものが白米です。白米（胚乳）の主成分は，炭水化物であるデンプンです。

玄米に多い無機ヒ素には，発がん性がある

一方で，玄米にはリスクもあります。玄米は，ヒ素を白米の2倍程度含んでいるのです。ヒ素化合物のうち，炭素を含まない無機ヒ素は，ヒトに対する発がん性があると国際がん研究機関に評価されています。天然に存在するヒ素は，水田で育つ米や，ひじきなどの海藻にも必然的に含まれます。

無機ヒ素の発がんリスクは無視できるものではなく，可能な範囲で低減するべきです。 しかし食品安全委員会は，バランスのよい食生活を送れば健康への問題はないと評価しています。小麦などの全粒穀物と同様の健康効果があると仮定すれば，白米と比較した玄米の健康効果はヒ素のリスクを大きく上まわると考えられています。

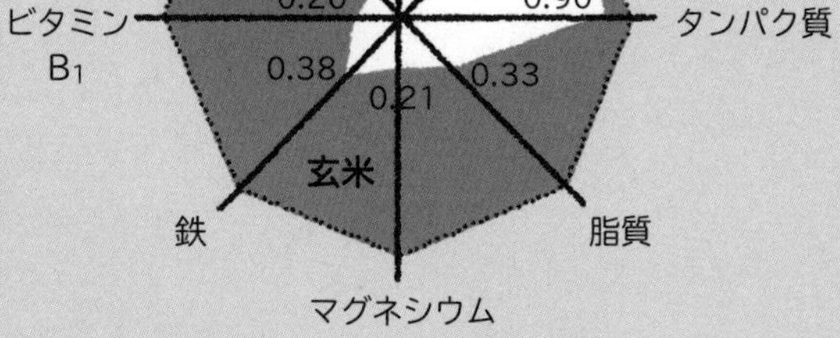

栄養素の比較
白米の値は，同じ重量の玄米に含まれる量を1としたときの相対値。「日本食品標準成分表2015年版」のデータから算出。

無機ヒ素の比較
食品1キログラムあたりの値。データは農林水産省「食品に含まれるヒ素の実態調査」の平均値（2012年）。

7 加工肉を食べすぎると，死の危険がせまる！

1日あたりの摂取量が多いほど，リスクが高い

「肉は健康に悪い！」「いや適量なら健康的だ」といった議論は，水かけ論になることが多いです。どのような指標でくらべるかによるからです。比較方法の一つとして，食生活などのちがいに応じて死亡リスクがどの程度ことなるかを調べる，というものがあります。**欧米の計114万人を対象とした複数の研究をまとめた報告によれば，加工肉の摂取は死亡リスクを上げるという結果が出ています。**加工肉とは，ソーセージやベーコンといった，獣肉の塩漬けや燻製などです。1日あたりの摂取量が多いほど，リスクが高いと報告されています。

重要なのは，食品ごとの適量をとること

非加工肉（生鮮肉）の適量摂取は死亡リスクを減らす，という結果も得られています。同様の報告によれば，鶏肉，魚，野菜・果物の摂取量が多いと，死亡リスクが下がるという結果が出ています。ただし，とればとるほどよいというわけではありません。重要なのは食品ごとの適量をとることです。さもないと，全体的な栄養のバランスがくずれ，健康的とはいえなくなってしまうからです。

健康に悪い良いとされる食品

健康に悪いといわれやすい食品と，良いとされる食品の例をえがきました。加工肉を食べ過ぎると死亡リスクがあがり，野菜や果物,魚を多く食べると死亡リスクがさがる傾向があります。

健康に悪いといわれやすい食べ物の例

健康に良いとされる食べ物の例

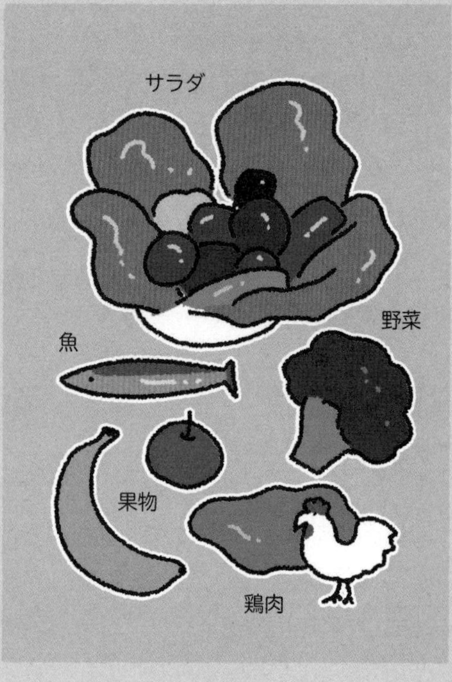

とはいっても，加工肉を我慢してストレスをためるのもよくないぞ。たまに少量を食べる程度なら，問題ないだろう。

8 オリーブオイルは，評判通り体にいい

脂肪酸は，２種類に分けることができる

食用の油は，主に「脂肪酸」という物質で構成されています。脂肪酸は，炭素，水素，酸素が鎖状につながった物質で，飽和脂肪酸と不飽和脂肪酸の２種類に分けることができます。**飽和脂肪酸は，炭素どうしがすべて1本の手でつながっています。一方の不飽和脂肪酸は，炭素どうしの結合の一部が，2本の手でつながった「二重結合」にな**

主な脂肪酸の種類と構造

左ページは，オリーブの実とオリーブオイルのイメージです。右ページの表は，脂肪酸の種類や構造などについてまとめたものです。炭素どうしの二重結合をもたない飽和脂肪酸は，血中コレステロール濃度を上げるはたらきがあります。一方，炭素どうしの二重結合をもつ不飽和脂肪酸には，血中コレステロール濃度を下げるはたらきがあります。

っています。不飽和脂肪酸には，二重結合を一つだけ含む「一価不飽和脂肪酸」と，複数含む「多価不飽和脂肪酸」があります。

オリーブオイルの主成分は，一価不飽和脂肪酸

不飽和脂肪酸には，血中コレステロール濃度を下げるはたらきがあります。しかし多価不飽和脂肪酸をとりすぎると，体に良い善玉コレステロールの濃度も下がることがわかってきました。**一方，一価不飽和脂肪酸は，善玉コレステロールの濃度までは下げないと考えられています。**オリーブオイルの主成分であるオレイン酸という脂肪酸は，一価不飽和脂肪酸です。このようなことから，オリーブオイルが体によいといわれているのです。

		炭素の数	炭素の二重結合数	構造	名前	含まれている食品や食用油脂
脂肪酸	飽和脂肪酸	2	0		酢酸	酢
		4	0		酪酸	バターやチーズ
		16	0	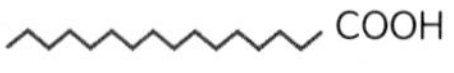	パルミチン酸	肉，ヤシ油
		18	0	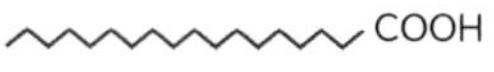	ステアリン酸	肉，ココアバター
	不飽和脂肪酸	18	1		オレイン酸	オリーブオイル，ナタネ油など
		18	2	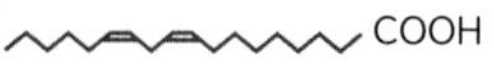	リノール酸	ダイズ油，ベニバナ油など
		18	3	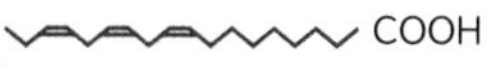	α-リノレン酸	シソ油，アマニ油など
		18	3	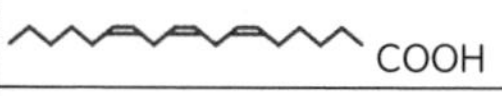	γ-リノレン酸	ツキミソウ油など
		20	4		アラキドン酸	肉，卵，魚，肝油など
		20	5		エイコサペンタエン酸（EPA）	魚油
		22	6	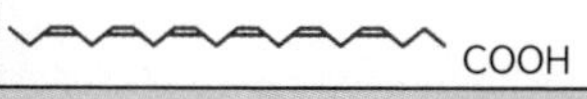	ドコサヘキサエン酸（DHA）	魚油

9 ブルーベリーを食べても，疲れ目はよくならない

ブルーベリーの色素の吸収効率は，よくない

ブルーベリーや野生種のビルベリーは，眼によいなどとよくいわれます。注目されている成分は，ビルベリーにとくに豊富な，赤紫や青の色素である「アントシアニン」や，その分子の一部が分離したものです。**しかし，ブルーベリーのアントシアニンの，腸での吸収効率はよくないとされています。**

現時点では，信頼できるデータが十分でない

ビルベリーの抽出物やアントシアニンが，眼の網膜で光を感知する分子の合成を助けるといった報告は，古くは1960年代からされています。これはウサギなどを使った動物実験の結果と考察です。

人に摂取させて，眼での限定的な効能を確認したとする報告もあります。しかし，適切な比較対象を設けた，大規模な試験が行われているとはいえない状況です。**現時点では，人の眼での有効性や安全性については，信頼できるデータが十分ではないという評価がされています。**

眼の網膜とアントシアニン

眼の網膜と，アントシアニンの基本構造を，えがきました。網膜は，眼球の内側に張りついた，薄いお椀状の構造です。網膜には，光を感知する分子をもつ細胞があります。アントシアニンは，計三つの環状構造が，基本となります。左側の環に結合する分子の種類によって，色が変わります。

眼の網膜

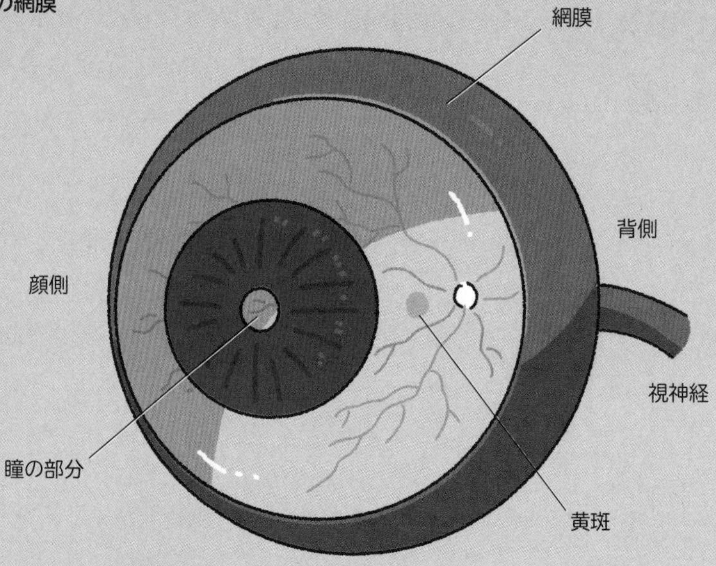

アントシアニンの基本構造

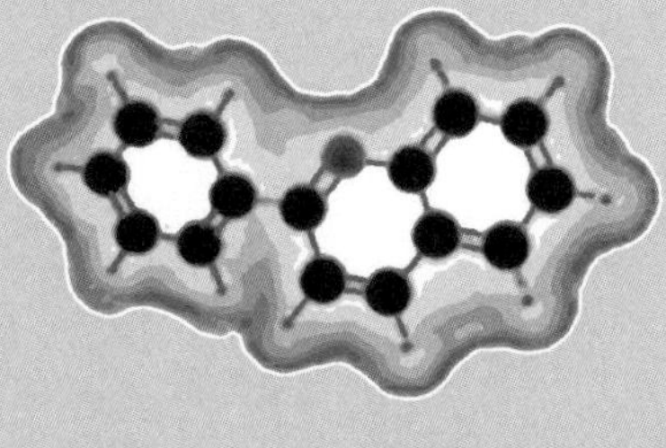

博士！
教えて!!

ライオンは，野菜なしでいいの？

博士，ライオンは，肉ばかり食べていますよね。野菜を食べなくても，大丈夫なんですか？

ふむ。ライオンは，野菜を食べているといえなくもないぞ。

どういうことですか？

ライオンは，獲物の腹に食いついて内臓を食べるじゃろ。獲物が草食動物なら，内臓には草食動物の食べた草が入っておる。いうなればライオンは，草食動物を食べることで，肉も野菜も食べているんじゃよ。しかも生肉にはビタミンも含まれるから，肉だけを食べているようにみえて，実は多くの栄養素をとっているんじゃ。

じゃあ，人間が肉だけを食べているとどうなりますか？

肉は加熱して食べるじゃろうから，生肉に含まれるビタミンがこわれ，ビタミン不足になるじゃろう。ビタミンCが不足すると，壊血病で命を落とすかもしれんな。

2. 食と健康の気になる関係

健康を保つためには，日々の食事に気を配らなければなりません。世の中には，糖質制限や菜食主義など，さまざまな食事のスタイルがあります。食品添加物やポリフェノール，プリン体など，食品に含まれる成分の，体への影響も気になります。第2章では，食と健康の関係についてみていきましょう。

1 糖質制限は，やせやすいけど危険かも

短期間の減量効果は確認されている

米やパンなどを減らす，「糖質制限ダイエット」が一定の支持を得ています。糖質とは，炭水化物のうち，食物繊維をのぞいたものです。

糖質制限は，やせられるのでしょうか。311人を対象にした小規模な研究では，低糖質で高タンパク質な食事をつづけた人たちは，低脂質な食事をつづけた人たちにくらべて，2か月後や6か月後に体重が多く減っていました。近年の研究によると，このような減量効果の差は，2年間は持続するといいます。**しかし，低糖質な食事をつづけた人たちには，無気力になったり頭がはたらかなくなったりする副作用もあらわれました。**

低糖質な食事は，死亡リスクが高いという解析も

合計約1400人を対象とした解析から，低糖質な食事をつづけると，糖尿病の指標を3か月程度なら改善できることがわかりました。**一方で，合計27万人超を対象とした別の解析では，低糖質な食事は死亡リスクが高いとされました。**また，心臓の血管の病気のリスクが高まるおそれも指摘されています。このようにさまざまな報告があり，糖質制限の是非については，現時点では玉虫色の状況のようです。

脂質制限 vs. 糖質制限

2003 ～ 2005年にアメリカで行われた，食事法とダイエット効果に関する研究結果の一部です。脂質制限でも糖質制限でも，開始2か月後の時点で1日1400キロカロリー前後を摂取しました。その摂取カロリーに占める栄養素の割合を，円グラフであらわしています。6か月後の減量効果が大きかったのは，糖質制限でした。

脂質制限（オーニッシュ食）

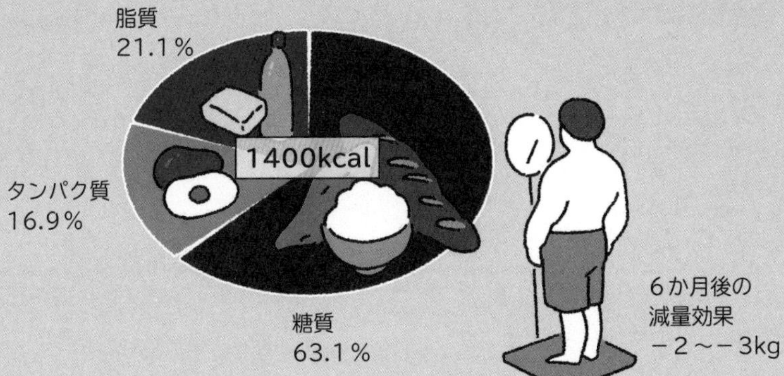

糖質制限（アトキンス法）

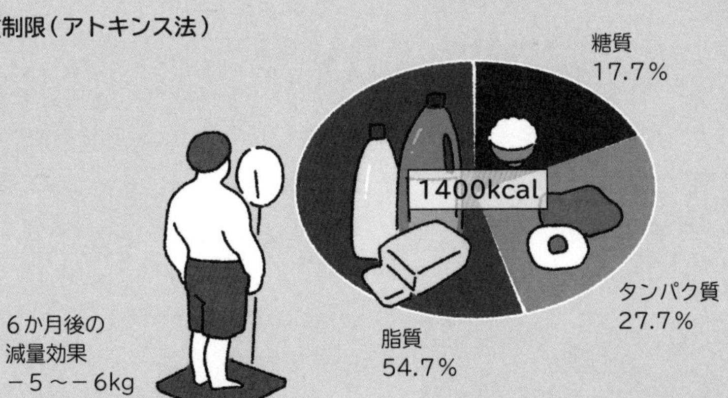

2 「ビーガン」は，けっして栄養不足ではない

肉や魚を食べないので，栄養不足に感じられる

肉や魚はもちろん，卵や乳製品も食べないよう心がけ，ハチミツも食べないこともある菜食主義者は，「ビーガン（ダイエタリービーガン）」とよばれます。近年，健康的なイメージから，ビーガンの食生活を取り入れる人もいるようです。しかし，肉や魚，卵などを食べないので，栄養素が足りなくなってしまわないか，不健康なのではないか，などと感じる人もいるかもしれません。

タンパク質は，豆類から十分な量が摂取できる

アメリカの栄養士会に相当する「栄養と食事のアカデミー」の見解では，ビーガンを含む菜食主義者の食事は，栄養が十分であり，体に悪影響があるとはみなされていません。たとえばタンパク質であれば，豆類や大豆製品から十分な量が摂取できるとされています。ただし，カロリーや特定の栄養素が不足してしまうおそれはあります。とくに，レバーや魚介類に豊富なビタミンB_{12}の不足に注意が必要とされます。専門家らは，ビタミンB_{12}強化食材やサプリメントを利用する食事計画をきちんと立てれば，欠乏はさけられるとしています。

ビーガンの食生活

イラストは，ビーガンが食べる食品の例です。ビーガンは主に野菜や果物，全粒穀物，豆類を主食とします。ナッツ類や種子類も栄養源です。下の表には，菜食主義のタイプと，アメリカ人のなかでの割合を示しました。

菜食主義のタイプとアメリカ人の割合

タイプ	肉・魚	卵・乳製品	野菜・果物・豆
多くの人（96.7%）	食べる	食べる	食べる
ラクト・オボ・ベジタリアン（1.8%）	食べない	食べる	食べる
ビーガン（1.5%）	食べない	食べない	食べる

3 ポテトを高温で揚げると，発がん性物質ができる！

食品を，120℃以上で調理することで発生

フライドポテトやスナック菓子に，「アクリルアミド」という発がん性物質が含まれているという話題が，注目を集めたことがあります。**アクリルアミドは，食品を120℃以上の高温で調理することで発生します。** 国際がん研究機関は，アクリルアミドはおそらく発がん性物質であると発表しています。国立環境研究所の2016年の推定では，

アクリルアミドの発生

野菜やいも類などを120℃以上で加熱すると，ブドウ糖（グルコース）などの還元糖とアスパラギンが反応して，アクリルアミドができます。

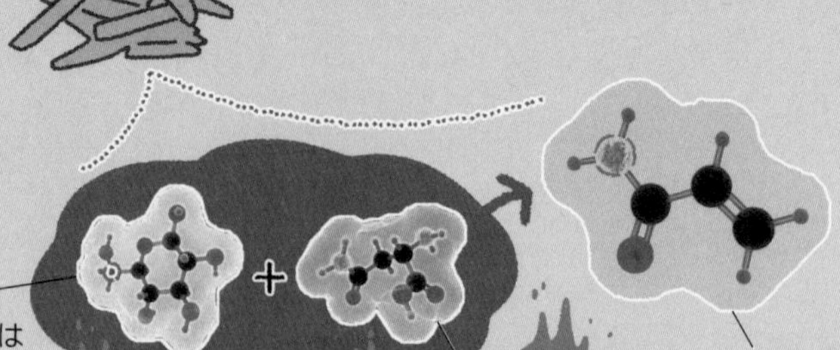

日本人は平均的に，体重1キログラムあたり毎日0.166マイクログラムのアクリルアミドを摂取しています。この摂取量は，1万人に1人程度が，一生のうちに発がんするリスクに相当します。

加熱調理につきまとうため，ゼロにはできない

日本の食品安全委員会は，達成可能な範囲で，アクリルアミドの低減に努める必要があるとしています。しかし，加熱調理につきまとうアクリルアミドのリスクは，ゼロにはできません。加熱調理そのものをひかえると，今度は食中毒などのリスクを高めてしまいます。**油の温度を低くおさえるなどして，アクリルアミドの量を可能な範囲で低減するように心がけるとよいでしょう。**

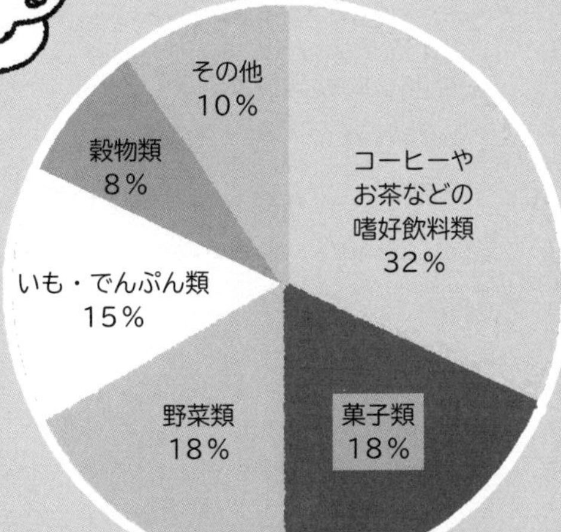

アクリルアミドの摂取
日本人がどのような食品からアクリルアミドを摂取しているかを，円グラフで示したものです。国立がん研究センターの，「多目的コホート研究」によります。

4 厚生労働省「食品添加物は，安全なものだけ」

腐るのを防いだり，見た目や食感などをよくしたり

「保存料不使用」のように，食品添加物を使わないことをアピールする食品をよく見かけます。食品添加物は，体に悪いのでしょうか。

食品添加物は，味や香り，見た目，食感などをよくしたり，腐るのを防いだりするために使われます。食品添加物のほとんどが，少量で効果を発揮します。**食品添加物は，食品衛生法で「指定添加物」「既存添加物」「天然香料」「一般飲食物添加物」の四つに分類され，すべて厚生労働大臣が認めたもののみ使うことができます。**このうち指定添加物とは，天然・合成に関係なく，安全性と有効性が確認されたものです。2020年6月時点で466品目あります。

実際の摂取量は，無害な量の100分の1未満

指定添加物の安全性は，次のように確認されています。まず，複数の動物実験を行い，無害と考えられる量である「無毒性量」を求めます。**そして，最も少ない無毒性量の100分の1の量が，ヒトの「1日摂取許容量」となります。**国立医薬品食品衛生研究所などの調査によると，実際の摂取量が1日摂取許容量をこえている指定添加物はありません。

さまざまな食品添加物

食品添加物の主な種類，使用目的と効果，具体例，食品例をまとめました。具体例の丸印の色は，食品添加物の分類をあらわしています。

●：指定添加物，●：既存添加物，●：天然香料，●：一般飲食物添加物

	主な種類	使用目的と効果	具体例	食品例
味や香りをよくする	甘味料	甘みを加える	●アスパルテーム ●キシリトール ●カンゾウ抽出物	清涼飲料水 チューインガム しょうゆ
	酸味料	酸味を加える	●クエン酸 ●L-酒石酸 ●乳酸	ジャム キャンディー 清涼飲料水
	苦味料	苦味を加える	●カフェイン ●ナリンジン ●ニガヨモギ抽出物	コーラ チューインガム
	香料	香りをつける	●合成香料 ●天然香料	幅広い食品
	調味料	主にうま味を加えて味を整える	●アミノ酸 ●核酸 ●有機酸	幅広い食品
見た目をよくする	着色料	食品の色を調節しておいしそうな色合いにする	●赤色２号 ●カロチノイド色素 ●ムラサキキャベツ色素	ハム 栗の砂糖漬け かまぼこ
	発色剤	肉や魚に含まれるヘモグロビンやミオグロビンと結合して赤色を出す	●亜硝酸ナトリウム ●硝酸カリウム	ハム ソーセージ たらこ
	漂白剤	色素や着色物質を分解して白い色を出したり，明るい色合いにしたりする	●亜硫酸ナトリウム	ドライフルーツ かんぴょう 水飴
	光沢剤	水分蒸発を防いだり，表面に光沢を出したりするために，表面に皮膜をつくる	●シェラック ●パラフィンワックス ●ミツロウ	キャンディー チョコレート 果物
長持ちさせる	保存料	微生物の増殖をおさえて食品が腐るのを防ぐ（微生物を殺すものではない）	●安息香酸 ●ソルビン酸カリウム ●しらこたん白	キャビア 魚肉ねり製品 チーズ
	酸化防止剤	空気中の酸素による酸化を防いで品質を維持する	●ビタミンC ●ビタミンE ●カテキン	バター 惣菜 清涼飲料水
	防かび剤 防ばい剤	外国から輸入される果物で，カビが発生するのを防ぐために収穫後に使われる農薬	●イマザリル ●オルトフェニルフェノール ●フルジオキソニル	バナナ キウイ 柑橘類

食パンの「食」とは何？

直方体などの箱に生地を入れて焼いたパンを，「食パン」といいます。このパンはイギリス由来で，等分に分けやすいことから普及したようです。**この食パンは，食べるものと決まっているのに，なぜわざわざ「食」とついているのでしょうか。**ここでは五つの説を紹介します。

一つ目は，「本食パン」からきているという説。**第二次世界大戦以前，日本でこのパンのことを「本食パン」とよんでいました。**本食とは，西洋料理のもととなる食べ物という意味です。二つ目は，日本ではあんパンやクリームパンの方が先に売りだされて人気が出ていたので，これらの菓子パンと区別して，主食となるパンだからという説です。

三つ目は，デッサンで消しゴムがわりに使われるパンと区別するためという説。四つ目は，パンを発酵させるための酵母が糖分を食べるからという説。そして五つ目は，調理器具のフライパンと区別するためという説です。どの説にも一理あって，面白いですね。

5 カロリーゼロ表示でも，ゼロとは限らない

1カロリーは，水1グラムを1℃上昇させる熱量

「カロリー」は，食品などに含まれる熱量（エネルギーの量）をあらわす単位です。1カロリー（cal）は，水1グラムの温度を1℃上昇させるのに必要な熱量です。その1000倍が，1キロカロリー（kcal）です。

食品がもつ熱量は，私たちの生命を維持するために欠かせない，きわめて重要な要素です。 1日に必用な熱量は，18～29歳の男性はおよそ2650キロカロリー，同年齢層の女性はおよそ1950キロカロリーとされています。これらの数値は，男性は体重63.2キログラム，女性は体重50.0キログラムで，いずれも1日の身体活動のはげしさが普通の場合のものです。

5キロカロリー未満であれば，カロリーゼロ表示

日本の食品表示基準では，食品100ミリリットルまたは100グラム中に含まれる熱量が5キロカロリー未満であれば，カロリーゼロと表示できることになっています。 つまり，カロリーゼロと表示されていることは，熱量をまったく含まないこと（0キロカロリー）を意味するわけではないのです。

カロリーゼロ表示のゼリー

カロリーゼロと表示された商品が，たくさんあります。ここでは，具体例としてゼリーをえがきました。ゼリー100グラムに含まれる熱量が5キロカロリー未満であれば，カロリーゼロと表示できます。

6 植物油は，いうまでもなく「コレステロール」ほぼゼロ

食事でとるコレステロールは，動物性食品に由来

「コレステロール」は，主に動物細胞の細胞膜をつくっている脂質の一種です。動脈硬化や心筋梗塞，脳梗塞などのリスクとなるため，血中コレステロール値が異常に高いと，高コレステロールの食品を減らすよう指導されます。

食事によって摂取するコレステロールのほとんどは，動物性の食品に由来します。また，肉の脂身などに多く含まれる飽和脂肪酸は，体内でコレステロールに変わります。

表示のない植物油も，コレステロールほぼゼロ

最近，コレステロールゼロと表示したサラダ油などの植物油がふえています。**しかし，植物油にはもともとコレステロールがほとんど含まれませんので，コレステロールゼロと表示されていない植物油も，コレステロールはほぼゼロです。**日本の食品表示基準では，食品100ミリリットル（または100グラム）中に含まれるコレステロールが5ミリグラム未満であり，かつ飽和脂肪酸の含有量が15％以下などの基準を満たせば，コレステロールゼロと表示することができます。

コレステロールゼロ表示の油

コレステロールゼロと表示されたサラダ油をえがきました。植物由来のサラダ油には，もともとコレステロールはほとんど含まれていません。

7 「プリン体ゼロ」の酒でも，通風になってしまう

アルコールは，血中の尿酸をふやす

「プリン体」は，「プリン」とよばれる化学構造（$C_5H_4N_4$）を分子内にもつ物質のことです。DNA（デオキシリボ核酸）の一部であるアデニンやグアニンなども，プリン体の一種です。プリン体は，肉，魚介類，ビールなどの，幅広い食品や飲料品に含まれています。

プリン体が肝臓で分解されると尿酸に変わり，血中の尿酸の量がふえすぎると，痛風などの病気につながります。最近，プリン体ゼロをうたうアルコール飲料がふえています。しかし，飲み過ぎには注意が必要です。アルコールは血中の尿酸をふやす作用があり，プリン体がゼロでも，たくさん飲めば痛風などのリスクを高めてしまうからです。

通常の飲食でプリン体を制限しても，意味はない

体内のプリン体のうち，飲食で摂取する量は2割程度で，残りの8割は日ごろから体内でつくられています。痛風患者ではなく，尿酸値が高い状態でもない健康な人が，通常の飲食の際にプリン体を極度に制限することに，意味はありません。むしろプリン体の摂取不足が，健康に悪影響をおよぼすこともあります。

プリン体ゼロ表示の酒

プリン体ゼロと表示された，アルコール飲料をえがきました。アルコール飲料にプリン体が含まれていなくても，アルコール自体に尿酸をふやす作用があります。

プリン体ゼロの表示に油断したらダメトン。

8 「糖質ゼロ」と「糖類ゼロ」のちがいは，糖の種類のちがい

炭水化物のうち，食物繊維を除いたものが糖質

「糖質ゼロ」と表示された商品に加え，「糖類ゼロ」と表示された商品もよく目にします。これらは，何がちがうのでしょうか。

炭水化物のうち，人が消化できない食物繊維を除いたものを「糖質」とよびます。糖質には，ブドウ糖などの「単糖類」，砂糖の主成分であるショ糖などの「二糖類」，オリゴ糖やデンプンなどの「多糖類」，糖アルコールなどが含まれます。日本の食品表示基準では，食品100ミリリットル（または100グラム）中に含まれる糖質が0.5グラム未満であれば，糖質ゼロと表示できることになっています。

単糖類と二糖類だけを，特別に糖類とよぶ

そして，糖質のうち，単糖類と二糖類だけを，特別に「糖類」とよびます。食品100ミリリットル（または100グラム）中に含まれる糖類が0.5グラム未満であれば，糖類ゼロと表示できます。ただし，糖類以外の糖質（たとえばオリゴ糖や糖アルコール）を含む場合もあります。

糖類や糖質は，体に必要な栄養素です。過剰に摂取しないかぎり，肥満や糖尿病などに直接結びつくわけではありません。

炭水化物と糖質と糖類の関係

炭水化物と糖質，糖類の関係を，円で示しました。糖質は，炭水化物のうち，食物繊維を除いたものです。糖質のうち，単糖類と二糖類が糖類とよばれます。

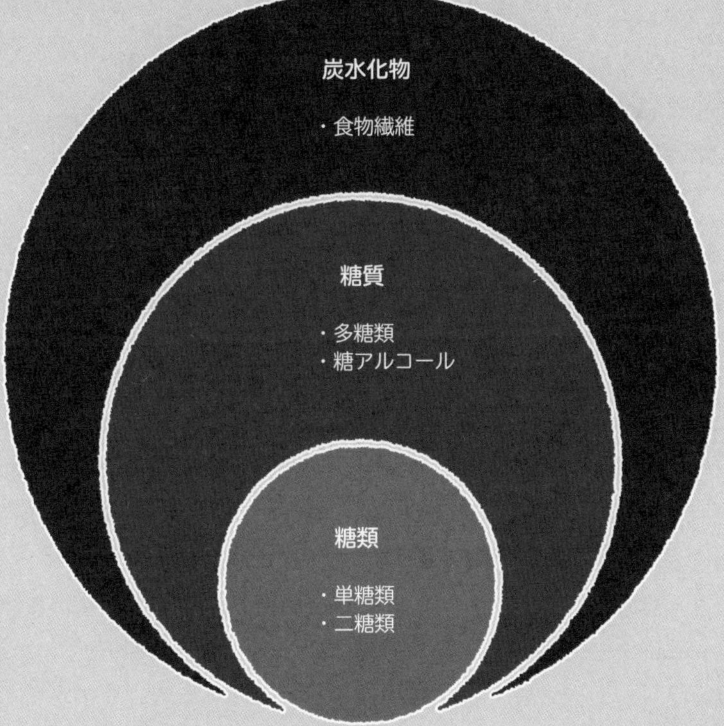

9 WHO「成人は，食塩1日5g未満におさえて」

日本人の食塩摂取量は，世界平均よりも多い

日本食は洋食にくらべて，塩分が多い傾向があります。2013年に医学誌『BMJ Open』に掲載された論文によると，日本人の1日の食塩摂取量は平均12.4グラムと推定されています。**これは，世界平均の10.0グラムにくらべて，2割以上も多い量です。**

食塩摂取量を減らすと，血圧がさがる

食塩の過剰な摂取は，高血圧のリスクを高めることが知られています。研究によると，食塩摂取量を1日3グラム減らすと，血圧が平均1～4mmHg下がると期待できます。**日本人の血圧が平均で2mmHg下がると，日本全体で年間約30万人いる脳卒中や心臓病などによる死者が，年間約3万人減るとの推計もあります。**

厚生労働省が2015年に改定した，18歳以上の1日の食塩摂取目標量は，男性が9グラム未満から8グラム未満に，女性が7.5グラム未満から7グラム未満へと引き下げられました。一方，世界保健機構（WHO）は，成人の食塩摂取量を1日5グラム未満にすべきとしています。達成している国は，ほとんどありません。

世界各国の塩分摂取量

下は，世界各国の塩分摂取量を，グラフにしたものです。1日5グラムというWHOが設定している目標値は，グラフ中の横線で示しました。日本は塩分摂取量が12.4グラムと多くなっています。日本食は洋食にくらべて塩分が多い傾向にあることが，要因の一つです。

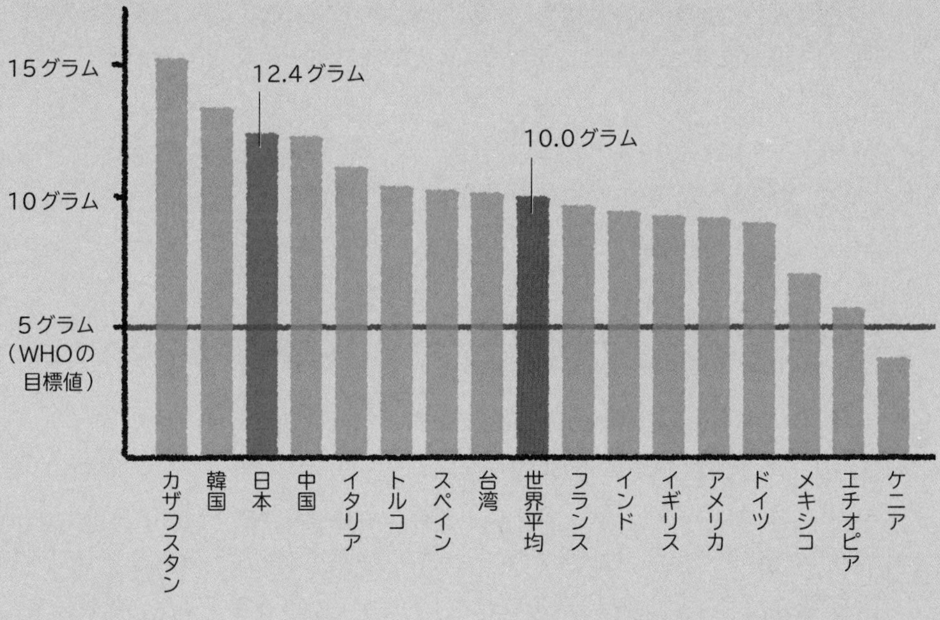

日本人は，WHOの目標値の2.5倍近い
量の食塩をとっているのだ。

10 「ポリフェノール」で，老化を防げるかはわからない

抗酸化作用で，老化を防ぐという仮説

チョコレートやコーヒーなど，さまざまな商品のラベルに「ポリフェノール」の文字がおどっています。ポリフェノールとは，ベンゼンに代表される環状の分子構造に，「フェノール基」とよばれる「-OH」の部分を複数もつ物質のことです。「-OH」の部分は酸化されやすいため，細胞などのかわりに酸化される可能性があるといいます。これを，「抗酸化作用」といいます。**この抗酸化作用によって，老化を防ぐことができるという仮説が広まっているようです。**

仮説は，まだ多くの検証が必要な段階

最も有名なのは，1990年代にブームとなった赤ワインでしょう。原料であるブドウの実の皮や種には，「レスベラトロール」などのポリフェノールが含まれています。**しかし，国立健康・栄養研究所によると，老化への効果やサプリメントとしての安全性は，十分なデータが見あたらないといいます。**ポリフェノールにかぎらず，抗酸化作用をもつ物質の摂取で老化を防ぐことができるという仮説は，まだ多くの検証が必要な段階にあります。

レスベラトロールの分子構造

ポリフェノールの一種である，「レスベラトロール」の分子構造をえがきました。環状の部分につながった，「-OH」の構造がフェノール基です。Oは酸素原子，Hは水素原子です。

11 消費者庁「トクホは，安全性や有効性を審査しています」

国が審査しないものと，審査するものがある

近年，「機能性表示食品」をよく見かけます。機能性表示食品は，健康にいいことが期待できる性質や成分について，科学的な根拠があるとされる食品です。しかし，国は根拠を審査しておらず，事業者の責任で販売が認められています。一方で，「特定保健用食品（トクホ）」は，国の消費者庁が安全性や有効性を審査しています。

保健機能食品で，病気の治療はできない

一定範囲の量のビタミンやミネラルなどを補給できる食品を，「栄養機能食品」といいます。機能性表示食品とトクホ、栄養機能食品の三つは，「保健機能食品」とよばれます。これらに当てはまらない，いわゆる健康食品には，決まった定義がなく，安全性や有効性は不明です。

保健機能食品は，いかにも病気を改善するなどの効果がありそうに思えます。しかし保険機能食品は，薬ではないため，病気を治療することはできません。保健機能食品をとっている人が薬を飲む場合は，医師や薬剤師と相談したほうがいいかもしれません。薬の効果が弱まったり，薬の副作用が強まったりしてしまう恐れがあるからです。

健康食品の分類

さまざまな健康食品の分類を示しました。健康食品の中には，保健機能食品と，いわゆる健康食品があります。保健機能食品の中には，機能性表示食品と特定保健用食品と栄養機能食品があります。いわゆる健康食品は，安全性や有効性が不明です。

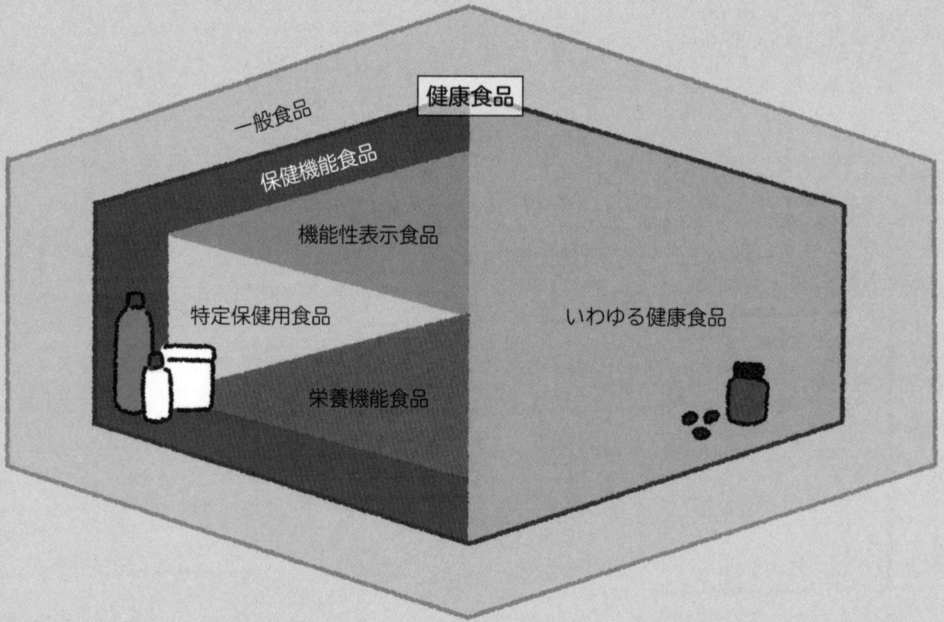

保健機能食品の中でも，特定保健用食品は，
安全性や有効性が国によって審査されているのね。

処刑されたラボアジエ

1743年、フランスの化学者のアントワーヌ・ラボアジエ（1743～1794）はパリに生まれた。父親は裁判官だった
幼いときに母親を病気で失った彼はおばに引き取られた
父親の跡をつぐべく法律を勉強していたが科学に興味をもつようになった
法律家じゃなくて研究者になりたい！
若いころは地質や鉱物に興味があった
1768年ごろ、ラボアジエは徴税請負人となった
徴税請負人とは
市民から税を徴収
一部を納税
残りは全部自分のもの
徴税請負人としての収入の一部を科学研究の費用にあてた
徴税請負人という職業は民衆の敵
フランス革命によって監獄に入れられた。1794年、ラボアジエはギロチン台の露と消えた

生理学，栄養学，化学に貢献

Newton
DRY
プリン体
0

3. 5大栄養素を正しく知ろう

私たちの体をかたちづくり，生きていくうえで欠かせない五つの栄養素があります。「炭水化物」「タンパク質」「脂質」「ビタミン」「ミネラル」の五つです。第3章では，5大栄養素のはたらきやとり方について，正しい知識を紹介しましょう。

1 5種類の主要栄養素が，ヒトの体をつくる

炭水化物，タンパク質，脂質，ビタミン，ミネラル

私たちが日々食べている食事には，ご飯やパン，肉，魚，油，野菜，乳製品など，さまざまな食品が使われています。そして，これらの食品には栄養素が含まれています。

栄養素は，「炭水化物」「タンパク質」「脂質」「ビタミン」「ミネラル」の5種類に大きく分けられます。 これらは，「5大栄養素」とよばれています。5大栄養素のうち，とくに炭水化物，タンパク質，脂質は「3大栄養素」とよばれています。栄養素は，私たちが生きていくために欠かせないものです。

栄養素の種類や割合は，食品ごとにことなる

食品に含まれる栄養素の種類や割合は，食品ごとに大きなちがいがあります。 それぞれの栄養素は，どの食品に多く含まれ，どのような性質やはたらきをもっているのでしょうか。

次のページから，見ていきましょう。

5大栄養素

5大栄養素について，それぞれの栄養素を多く含む食品の例をえがきました。5大栄養素のうち，炭水化物，タンパク質，脂質は3大栄養素といわれます。

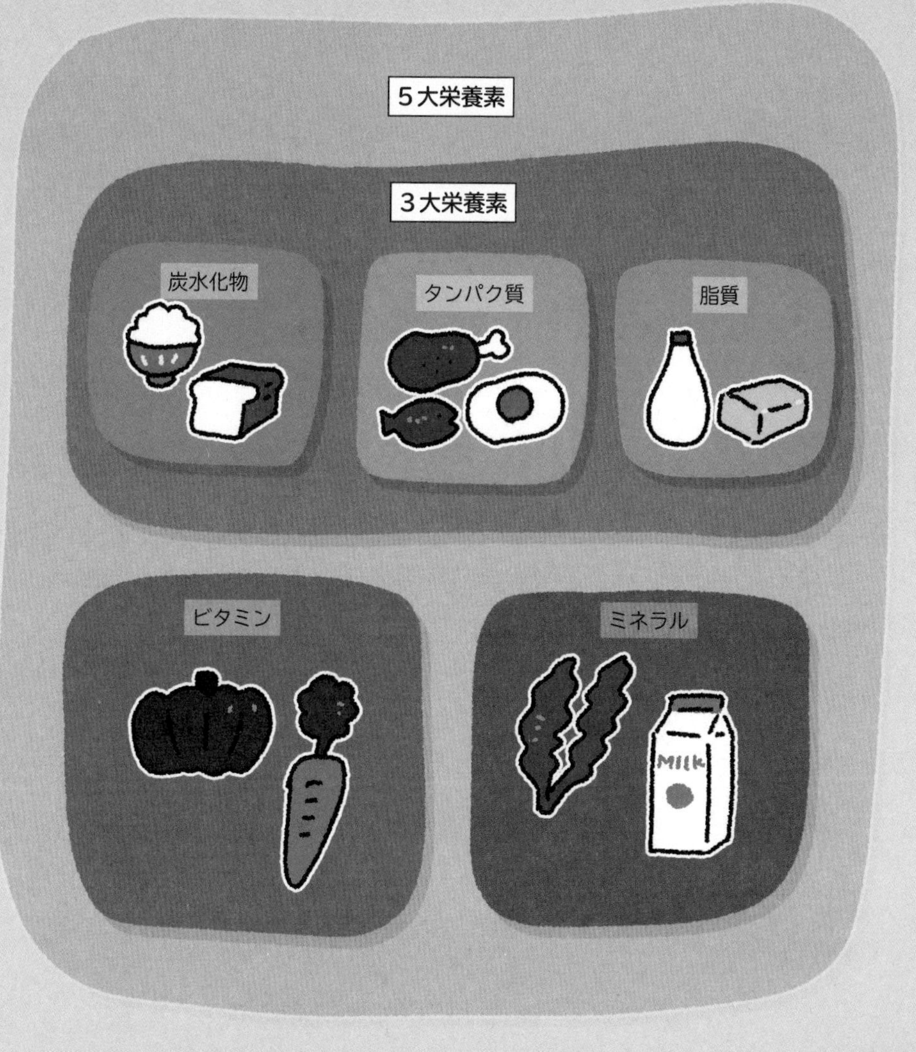

2 炭水化物でダッシュ！体のエネルギー源

体温を保ったり，筋肉や臓器をはたらかせる

炭水化物は，「単糖」を成分とする栄養素です。ご飯，パン，麺などの主食やイモ，そして砂糖や果物の中に豊富に入っています。**食品から体内に入った炭水化物は，体でエネルギーをつくる材料になります。**このエネルギーによって，私たちは体温を一定に保ったり，筋肉を動かしてさまざまな動きをしたり，心臓や脳などの臓器をはたらかせたりしています。

ミトコンドリアで，エネルギー源の分子へと変換

穀類やイモなどに含まれる炭水化物は，「ブドウ糖（グルコース）」が数十～数万個つながってできた，デンプンです。デンプンは口から入って，小腸でブドウ糖にまで分解されます。**ブドウ糖は血液を通って体中の細胞に運ばれ，細胞の中にある「ミトコンドリア」で，エネルギー源の分子である「ATP（アデノシン三リン酸）」へと変換されます。**

また，ブドウ糖は，肝臓でつなげられて「グリコーゲン」という大きな分子になります。私たちの体でエネルギーが不足したときには，このグリコーゲンがブドウ糖へと分解され，使われます。

エネルギーになる炭水化物

炭水化物の一種であるデンプンの構造と，炭水化物を多く含む食品の例をえがきました。デンプンは，ブドウ糖という単糖が数十～数万個つながったものです。

炭水化物

デンプンの構造

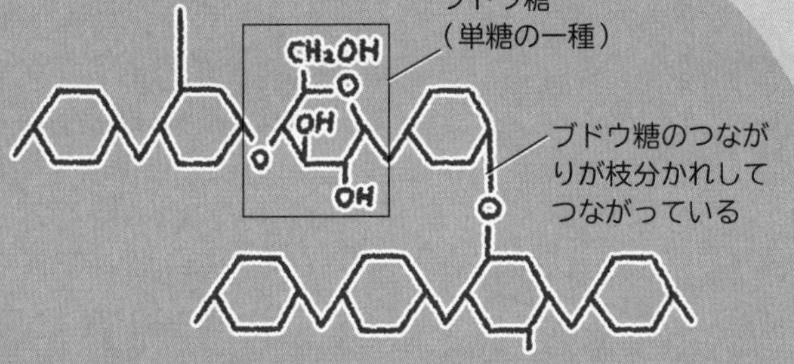

炭水化物を多く含む食品の例

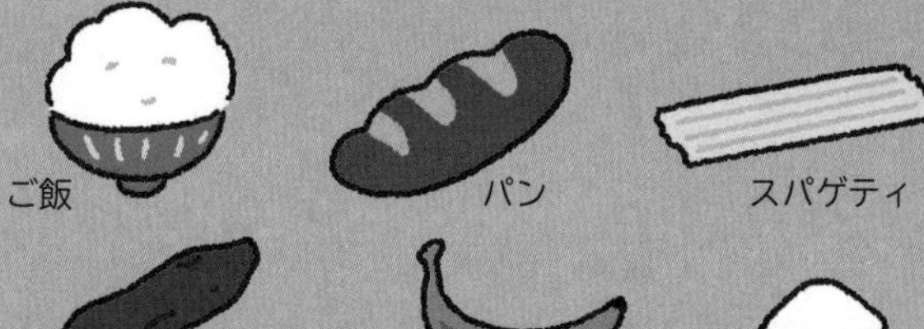

3 筋肉も皮膚も髪も，すべてタンパク質

タンパク質の形や機能は，アミノ酸で決まる

タンパク質は，「アミノ酸」という分子がつながってできた栄養素です。アミノ酸は，全部で20種類あります。タンパク質の形や機能は，どのような種類のアミノ酸が，どのような順番で，何個つながるかによって決まります。タンパク質は牛肉，豚肉，鶏肉や魚の身に多く含まれています。

ヒトの体には，約10万種類のタンパク質がある

タンパク質は，私たちの体を構築する栄養素です。筋肉をはじめ，髪の毛，骨，皮膚など，あらゆるものの材料として，タンパク質は使われています。さらに，目の網膜で光をとらえるロドプシン，体中に酸素を運ぶヘモグロビン，食べ物を分解する消化酵素，体の外から侵入してきた病原体を排除するようはたらく抗体など，体内ではたらくさまざまな分子もタンパク質です。ヒトの体には，約10万種類のタンパク質があることが知られています。

食品中に含まれるタンパク質は，主に小腸で，アミノ酸や，アミノ酸が2～3個つながった「ペプチド」にまで分解されて吸収されます。アミノ酸はその後，血液を通って体中の細胞に供給され，新たなタンパク質の材料となるのです。

全身をつくるタンパク質

上段には，タンパク質の構造と，タンパク質を多く含む食品の例をえがきました。タンパク質は，20種類のアミノ酸が，50～2000個つながってできた栄養素です。動物の肉や卵，大豆などに多く含まれています。下段は，ヒトの体のうち，タンパク質でできている部分の例です。

タンパク質

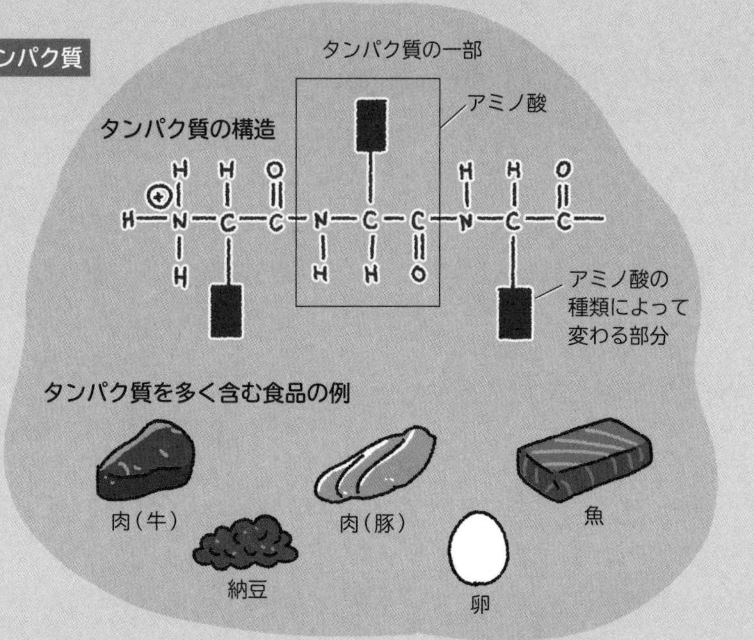

タンパク質は全身をつくっている

世界一低カロリーな果物，キュウリ！

ギネス記録によると，キュウリは「世界一低カロリーな果物」だそうです。キュウリが果物といわれると，奇妙に感じるかもしれません。果物とは，食用になる果実のことです。そして果実とは，花が咲いたあとにできる，種子を取りまく部分のことです。キュウリもトマトもナスも果実であり，果物なのです。

キュウリのカロリーは，可食部100グラムあたり，わずか14キロカロリーです。トマトは19キロカロリー，ナスは22キロカロリーです。キュウリは糖質も少なく，1本あたり1.86グラムなので，ダイエット食にぴったりです。また，キュウリには脂肪分解酵素「ホスホリパーゼ」やビタミンC，毒素を体外に出すカリウムが含まれているので，けっして栄養がないわけではありません。

キュウリは収穫しないでそのままにしておくと，どんどん大きくなります。**ギネス記録によると，最も長いキュウリは107センチメートル，最も重いキュウリは12.9キログラムで，どちらもイギリスでの記録です。**

4 たくわえられた油は，予備のエネルギー源

脂質は，エネルギーや細胞の膜の材料となる

脂質は，主に「脂肪酸」という物質で構成された栄養素です。**脂質は，私たちの体内でエネルギーをつくる元になったり，細胞の膜をつくったりと，非常に重要なはたらきをする栄養素です。**

脂質には，さまざまな種類があります。食品に多く含まれる脂質の一つに，「中性脂肪」があります。中性脂肪は，小腸で分解されて小腸の細胞に吸収されると，同じ細胞の中で，ふたたび中性脂肪や「リン脂質」，「コレステロール」などの脂質につくりかえられます。

脂肪は，炭水化物よりも多くのエネルギーをつくる

小腸の細胞でつくられた中性脂肪のほとんどは，体の皮下にある脂肪組織にたくわえられます。皮下の脂肪は分解されると，エネルギー源の分子であるATPになります。脂肪は炭水化物にくらべて，ATPになるまでに時間がかかるものの，1グラムあたりのエネルギー量は大きくなります。一方，小腸の細胞でつくられたリン脂質は，細胞膜を構成する主成分になります。コレステロールは，細胞膜の構成成分になったり，胆汁酸やホルモンの材料になったりします。

エネルギーになる脂質

脂肪酸の一種である「パルミチン酸」の構造と，脂質を多く含む食品の例をえがきました。パルミチン酸は，折れ線のとがった部分に炭素原子があり，鎖のようにつながっています。

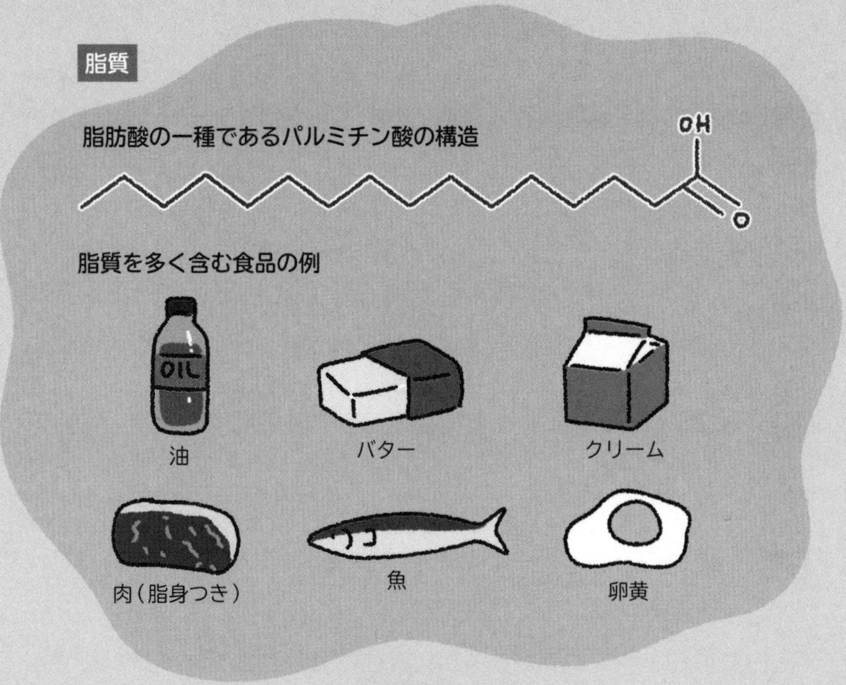

5 ビタミンがないと進まない。体内の化学反応

酵素のはたらきを助ける機能が多い

ヒトの体は，水を除けば，主に「有機化合物」とよばれる炭素を含む分子からできています。**ビタミンは，炭水化物，タンパク質，脂質を除いた有機化合物のうち，体内でほとんど合成できない有機化合物を指します。**必要とされる量はわずかですけれど，体内で非常に重要な役割を果たしています。とくに，酵素のはたらきを助ける「補酵素」としての機能が多いです。

たとえば，ビタミンB_2やナイアシンは，炭水化物，タンパク質，脂質からエネルギーを取りだす反応をになう酵素の補酵素としてはたらきます。一方，葉酸は，DNAを合成する酵素や，赤血球をつくる酵素の補酵素としてはたらきます。

ビタミンは，小腸で吸収される

食べ物に含まれているビタミンは，炭水化物やタンパク質と結合しており，そのままでは体内に吸収できません。この結合は，胃酸や，膵臓から分泌される膵液に含まれている酵素などによってきりはなされます。**きりはなされたビタミンは，小腸で吸収されます。**

13種類のビタミン

ヒトに必要なビタミンは，13種類が知られています。下の表では，13種類のビタミンが，それぞれどのような機能をもち，どのような食品の中に含まれているのかを示しました。

	種　類	多く含まれる食品の例	主な機能の例
脂溶性（油になじみやすい）	ビタミンA	アンコウの肝臓，レバー（牛，豚，鶏），ニンジン，モロヘイヤ	皮膚や粘膜を正常な状態に保つ。目の網膜で光を受け取るタンパク質「ロドプシン」の成分になる。抗酸化作用をもつ。
	ビタミンD	サケ，サンマ，キクラゲ，干しシイタケ	小腸からのカルシウムの吸収をうながす。骨からカルシウムをとかして，血液中のカルシウム濃度を高くする。
	ビタミンE	植物油，アーモンド，キングサーモン，カボチャ	抗酸化作用をもつ。毛細血管を拡張させる。
	ビタミンK	納豆，アシタバ，ツルムラサキ，オカヒジキ	止血する。骨からカルシウムがとけだすことをおさえる。
水溶性（水になじみやすい）	ビタミンB_1（チアミン）	玄米，そば，豚肉，ウナギ（蒲焼き），エンドウマメ	炭水化物からエネルギーを取りだす反応を助ける。神経の機能を正常に保つ。
	ビタミンB_2（リボフラビン）	レバー（牛，豚，鶏），ウナギの蒲焼き，卵，牛乳，納豆	炭水化物，タンパク質，脂質からエネルギーを取りだす反応を助ける。抗酸化作用をもつ。
	ナイアシン	タラコ，カツオ，レバー（牛，豚）	炭水化物，タンパク質，脂質からエネルギーを取りだす反応を助ける。アルコールの分解を助ける。
	ビタミンB_6	マグロ，カツオ，レバー（牛），バナナ	タンパク質の分解と再合成を助ける。神経に情報を伝える物質やヘム（血中で酸素を運ぶ分子の成分で酸素と結合する部分）の合成を助ける。
	ビタミンB_{12}（コバラミン）	レバー（牛，豚，鶏），菜の花，芽キャベツ，ホウレンソウ	DNAの合成を助ける。
	葉酸	レバー（牛，豚，鶏），菜の花，枝豆	DNAの合成を助ける。造血を助ける。
	パントテン酸	レバー（牛，豚，鶏），子持ちガレイ，ニジマス	炭水化物，タンパク質，脂質からエネルギーを取りだす反応を助ける。ホルモンやHDLコレステロールの合成を助ける。
	ビオチン	レバー（牛，豚，鶏），落花生，卵	炭水化物，タンパク質，脂質からエネルギーを取りだす反応を助ける。皮膚の炎症をおこす物質の排泄を助ける。
	ビタミンC	赤ピーマン，ブロッコリー，柿，キウイフルーツ	コラーゲンの合成を助ける。抗酸化作用をもつ。腸内での鉄の吸収を助ける。ホルモンの合成を助ける。

6 ミネラルは，骨や歯，体液の成分になる

ミネラルは，生きていく上で重要な機能をもつ

栄養学でいうミネラルとは，体内を構成する元素のうち，炭素，酸素，水素，窒素を除く，残り数％を占める元素のことです。

ミネラルの中には，ヒトが生きていく上で必要な機能をもつものがあります。たとえば，カルシウムやリンは骨や歯を形成し，硫黄はつめや髪を形成するなど，体の構成成分となります。一方，ナトリウムやカリウムのように，体液の「浸透圧」などの，体内の環境を保つものもあります。浸透圧とは，細胞膜を通して液体の移動をおこす圧力のことです。また，鉄や亜鉛のように，酵素の成分となって酵素の機能を助けるものもあります。

ミネラルは，主に小腸で吸収される

食べ物に含まれるミネラルは，消化の過程でイオンの形となって水にとけます。とけたミネラルは小腸で，細胞内と細胞外の濃度差によって自然に吸収されることが多いです。その後毛細血管に送られ，全身に運ばれます。ナトリウム，カリウム，マグネシウム，カルシウムなどのミネラルは，大腸でも吸収されます。

16種類のミネラル

下の表では，ヒトに必要とされているミネラルのうち，16種類を紹介しています。イオンの形で機能を果たすものもあれば，ほかの分子と結合してはたらくものもあります。

種　類	多く含まれる食品の例	主な機能の例
カルシウム（Ca）	牛乳，ヨーグルト，チーズ，干しエビ	骨や歯を形成する。筋肉の収縮を助ける。神経間の情報の伝達をおさえる。ホルモンの分泌を助ける。細胞の分裂を調節する。
リン（P）	ワカサギ，シシャモ，牛乳，レバー（牛，豚，鶏）	骨や歯を形成する。DNAの材料になる。ATPの材料になる。細胞膜を構成しているリン脂質の材料になる。
カリウム（K）	ホウレンソウ，バナナ，ジャガイモ	体液の浸透圧を調節する。神経間の情報の伝達を助ける。細胞内外での物質の出し入れを助ける。血圧を下げる。
イオウ（S）	卵	解毒作用を助ける。皮膚，つめ，髪を形成する。
ナトリウム（Na）	食塩，みそ，梅干し，辛し明太子	体液の浸透圧を調節する。神経間の情報の伝達を助ける。細胞内外での物質の出し入れを助ける。
塩素（Cl）	食塩	殺菌を行う胃酸の成分。体液の浸透圧を調節する。神経間の情報の伝達をおさえる。
マグネシウム（Mg）	アーモンド，玄米，大豆，ホウレンソウ	骨や歯を形成する。筋肉の収縮を助ける。血管を広げて血圧を下げる。神経間の情報の伝達をおさえる。エネルギーの生産を助ける。
鉄（Fe）	レバー（豚，鶏）	体中に酸素を運ぶタンパク質「ヘモグロビン」の成分。血液中の酸素を筋肉に取りこむタンパク質「ミオグロビン」の成分。
亜鉛（Zn）	牡蠣，レバー（豚），牛肉	DNAやタンパク質の合成を助ける。舌が味を感じるのを助ける。生殖機能を維持する。
銅（Cu）	タコ，レバー（牛），ソラマメ	鉄をヘモグロビンに取りこまれる形にかえる。抗酸化作用をもつ。コラーゲンの合成を助ける。髪の合成を助ける。
ヨウ素（I）	真昆布，ヒジキ，マダラ	発育をうながす。全身の基礎代謝（じっとしていても生命を維持するために必要な，エネルギーを使う反応）をうながす。
セレン（Se）	アンコウの肝臓，タラコ，クロマグロ	抗酸化作用をもつ。
マンガン（Mn）	緑茶，栗，ショウガ	骨の発育をうながす。抗酸化作用をもつ。炭水化物，タンパク質，脂質からエネルギーを取りだす反応を助ける。
モリブデン（Mo）	大豆，納豆，レバー（牛，豚，鶏）	DNAの分解で生じた物質を尿酸（最終的な老廃物）にかえるはたらきをうながす。
クロム（Cr）	青のり，きざみ昆布，ヒジキ	炭水化物，脂質からエネルギーを取りだす反応を助ける。
コバルト（Co）	モヤシ，納豆	ビタミンB_{12}の構成成分。造血を助ける。

タンパク質の発見

タンパク質は漢字で書くと「蛋白質」
(蛋白)質
蛋とは卵のこと 蛋白とは卵白のこと
1世紀、ローマの博物学者のガイウス・プリニウス・セクンドゥス(23~79)は
卵白にある、加熱すると凝固する物質を「アルブメン」と名づけた
1801年、フランスの化学者のアントワーヌ・フルクロア(1755~1809)が
固まった! 卵白のようだ
血清を熱すると卵白のように凝固することに気づいた
フルクロアはこれを「アルブミン」と命名
アルブミン以降 新たなタンパク質が次々と発見されました
タンパク質の本格的な研究が幕をあけた

3大栄養素とプラウト

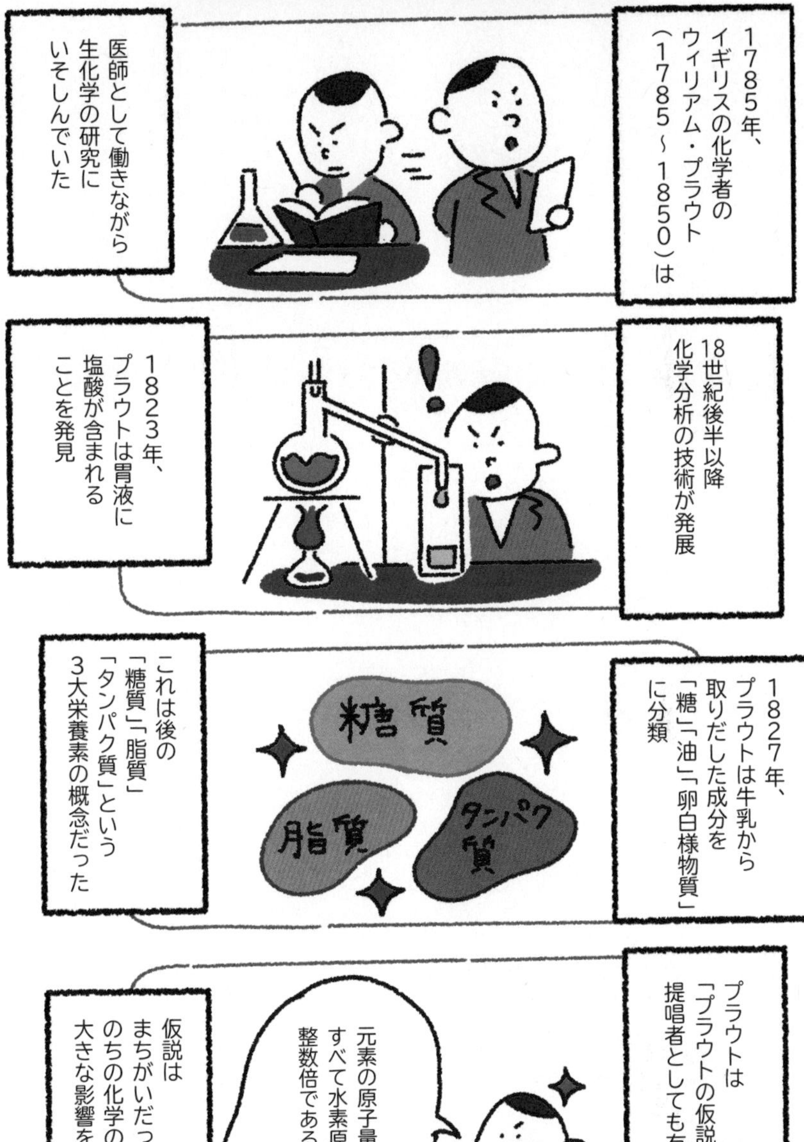
1785年、イギリスの化学者のウィリアム・プラウト（1785～1850）は
医師として働きながら生化学の研究にいそしんでいた
18世紀後半以降化学分析の技術が発展
1823年、プラウトは胃液に塩酸が含まれることを発見
1827年、プラウトは牛乳から取りだした成分を「糖」「油」「卵白様物質」に分類
糖質
脂質
タンパク質
これは後の「糖質」「脂質」「タンパク質」という3大栄養素の概念だった
プラウトは「プラウトの仮説」の提唱者としても有名
元素の原子量はすべて水素原子の整数倍である
仮説はまちがいだったもののちの化学の発展に大きな影響をあたえた

4. 健康と美容によい食事

健康で，美しくありたいとは，だれもが思うことでしょう。健康と美容の基本となるのは，日々の食生活です。第4章では，健康と美容のために，食生活でどのようなことに気をつければいいのかみていきましょう。

1 子どもは，スナック菓子ばかり食べてはいけない

食べ方は，年齢に応じて変えなければいけない

成人してから急に体重がふえてしまい，「10代のころはあまり気にせず食べても太りにくかったのに」と，不思議に感じている人もいるのではないでしょうか。

食べ物を食べて消化したり，代謝したりする能力は，生まれてから成長するまでの間に発達し，やがて老化していきます。食事の内容や

年齢に応じた食生活

乳児期・幼児期，学童期・思春期，成人期，妊婦，高齢者の食生活について，それぞれ注意すべきことを示しました。

乳児期・幼児期（0～6歳）
乳児期・幼児期は，発育のために多くのエネルギーと栄養素が必要です。免疫力が弱いため，調理の際の衛生管理には細心の注意が必要です。

学童期・思春期（6～18歳）
学童期・思春期は，体が大きく発達するため，成人にくらべてたくさんのエネルギーと栄養素が必要です。女子の場合は月経がはじまるため，鉄分不足に注意する必要があります。

食べ方は，年齢に応じて変えていかなければいけないものなのです。

子供のころの食習慣は，大人になって改善しにくい

小学校～高校の学童期･思春期は，食習慣が乱れやすくなります。たとえば，つい朝食を抜いて登校したり，おやつを食べすぎたりしてしまったことは,だれにでもあることなのではないでしょうか。また，インスタント食品やスナック菓子などを好んで食べて，栄養がかたよることも多くなります。**しかし，この時期に身についた食習慣は，大人になってから改善することがむずかしいものです。**この時期にこそ，3食しっかり食べる，栄養バランスのとれた食事をとるなど，健康的な食習慣を送ることを心がけたいものです。

成人期
成人期は，摂取エネルギーが過剰になりやすく，生活習慣病のリスクが高まります。その一方で，20代女性はダイエットによる低体重が問題になっています。

妊婦
妊娠すると，胎児を育てるために母体は多くのエネルギーと栄養素を必要とします。また，妊娠中は鉄分，カルシウムが不足しやすくなります。

高齢者
高齢者は，生活活動量の減少や精神的なストレス，薬の副作用など，さまざまな理由で食欲不振になり，栄養が不足しやすくなります。また，咀嚼や嚥下能力が低下し，嚥下障害をおこしやすくなります。

2 成人は，食べすぎても食べなすぎてもいけない

20～59歳の男性の31.4%が，肥満

10代のころは育ちざかりなうえ，運動するので食欲は旺盛です。**その食欲のまま20代，30代に突入すると，運動量に対して食べすぎてしまい，肥満を招きます。**2017年度の国民健康・栄養調査によると，20～59歳の男性の肥満の割合は平均で31.4%，女性は14.8%です。肥満かどうかの判定には，右ページの「BMI（体格指数）」が使われます。BMIの値が25以上の人は，肥満と判定されます。

20～59歳の女性の21.7%が，やせ

近年は，女性の「やせ」や，栄養不足も問題になっています。2017年度の国民健康・栄養調査によると，20～59歳の女性の21.7%がやせです。**栄養素やエネルギーが不足することでかかりやすくなる病気もあるため，注意が必要です。**また，妊娠中の栄養素やエネルギーの過不足は，母体や胎児の健康に影響をあたえます。

高齢者の栄養状態は，過剰な人から足りない人まで幅広い分布をしています。1人暮らしだったり，外出ぎらいだったりする人は，栄養不足になる傾向があります。

栄養の過不足と病気

BMIの算出方法と，BMIによる肥満度の分類，栄養の過不足でおきる病気や症状を示しました。栄養の過不足によって，生活習慣病や骨粗鬆症，貧血など，さまざまな病気が発生します。

BMIの算出方法

BMI＝体重（キログラム）÷身長（メートル）^{2}

BMIによる肥満度の分類

18.5未満	やせ
18.5以上25未満	正常
25以上	肥満

栄養の過剰または不足でおきる病気や症状

栄養の過不足		病気
エネルギー	過剰	肥満，メタボリックシンドローム，糖尿病，高血圧，高脂血症
	不足	栄養失調，飢餓
タンパク質	過剰	肥満，腎不全
	不足	飢餓，褥瘡
脂肪	過剰	肥満，メタボリックシンドローム，膵炎，胆炎，胆石，乳がん，子宮体がん，大腸がん
	不足	るいそう
ビタミンA	過剰	角膜角化
	不足	夜盲症，視力低下，皮膚乾燥
ビタミンD	不足	骨粗鬆症，くる病
ビタミンE	不足	不妊，溶血性貧血
ビタミンK	不足	出血しやすくなる
ビタミンB_1	不足	脚気，ウェルニッケ脳症
ビタミンB_2	不足	口角炎，口内炎，皮膚炎
ビタミンB_6	不足	食欲不振，貧血，皮膚炎
葉酸	不足	巨赤芽球性貧血，舌炎，下痢
ビタミンB_{12}	不足	悪性貧血
ビタミンC	不足	壊血病，出血
抗酸化物質	不足	白内障，黄斑変性
食物繊維	不足	便秘
食塩	過剰	高血圧症
カルシウム	不足	骨粗鬆症，情緒不安
プリン体	過剰	痛風

（出典：『食事指導のABC 改訂第3版』，監修／中村丁次，日本医事新報社，2008年発行）

3 食べ過ぎと運動不足の集大成が，肥満

体重が軽くても，脂肪率が高ければ肥満

肥満とは，体の脂肪の量が体重に対して異様に増加している状態です。**体重が重くても，脂肪率が低ければ肥満ではありません。逆に，体重が軽くても，脂肪率が高ければ肥満です。**肥満の原因は，食べすぎと運動不足です。とくに食事に関しては，食事の量だけでなく，食事の内容や食べ方などによっても，肥満を招くことがわかっています。

内臓脂肪型肥満の人は，生活習慣病にかかりやすい

肥満には，皮下脂肪が多い「皮下脂肪型肥満」と，内臓の周囲に脂肪がついている「内臓脂肪型肥満」があります。**とくに内臓脂肪型肥満の人は，糖尿病や高血圧，脂質異常症，虚血性心疾患などの生活習慣病にかかりやすい傾向にあります。**内臓の周囲の脂肪細胞からは，生活習慣病の原因物質がさかんにつくられて体内に放出されます。日本では，ウエストの周囲の長さが男性で85センチメートル以上，女性で90センチメートル以上の人は，内臓脂肪型肥満の疑いがあると診断されます。肥満の中で，生活習慣病にかかるリスクが高い状態は，「メタボリックシンドローム」とよばれます。

食べ過ぎと運動不足

肥満の原因である，食べすぎと運動不足の状況をえがきました。このような状況がつづくと肥満になり，生活習慣病を引きおこします。

4 脂肪分や糖分のとりすぎをやめて，ダイエット

なるべく1日3食とり，夜食はやめよう

肥満を解消するには，太りやすい食習慣を見直す必要があります。**朝食や昼食を抜いて1日2食にしたり，夜食をとったりすると，太りやすくなります。**なるべく1日3食とり，夜食はやめましょう。とくに，夕食よりは昼食を多く食べるほうが，望ましいです。

また，早食いをすると食事の満足感を得られにくくなり，食べすぎてしまいます。1口20回以上咀嚼し，飲みこんでから次の箸をつけるようにします。だれかと食事をするときは，自分が一番最後に食べ終わるように，周囲を見ながら食事をするのもおすすめです。目に見えるとつい手がのびてしまうので，おやつはかくしたり，余った食事はすぐに片づけたりするようにしましょう。

濃い味つけのものや，揚げ物はさける

食事の内容に関しては，脂肪分や糖分のとりすぎをひかえ，食物繊維や水分をたっぷりとりましょう。アルコールはカロリーが高いうえ，食欲も増進させるので，なるべくさけたいものです。おつまみは濃い味つけのものや揚げ物をさけ，低脂肪の料理を選ぶようにしましょう。

肥満を解消する食事

肥満を解消するための食品選びの目安と，
おすすめの料理です。

食品選びの目安

	食品	量の目安
主食	ご飯，パン，めん	ひかえめ
主菜	肉，卵	ひかえめ
	大豆・大豆製品，魚貝	普通
副菜	淡色野菜	普通
	緑黄色野菜	多め
	イモ，カボチャ	ひかえめ
	海草，きのこ，コンニャク	多め
	漬物	普通
	果物	普通
	牛乳・乳製品	普通
調味料	油	ひかえめ
	砂糖	極力ひかえめ
	塩，しょうゆ，みそ	普通
	酢	普通
	香辛料	普通
嗜好品	和菓子	禁止食品
	洋菓子	禁止食品
	アルコール飲料	極力ひかえめ
	カフェイン飲料	普通
	炭酸飲料	極力ひかえめ

（出典：『食事指導のABC 改訂第3版』，監修/中村丁次，日本医事新報社，2008年発行）

おすすめ料理

・サバやイワシなど，青魚の焼き魚
・ひじきの煮物
・コンソメスープ
・酢の物
・お浸し
・サラダ

5 やせすぎを改善する，高カロリーで食べやすい食事

やせすぎも，健康に悪い影響をあたえる

BMIの値が18.5未満の人は，やせと判定されます。その多くは，若い女性と高齢者です。やせの原因は，さまざまです。老化や過激なダイエットはもちろん，病気で食欲が低下し，吸収や消化がうまくいかなかったり，心理的な原因で食べたくなかったりすることもやせの原因となります。**肥満と同様，やせすぎも健康に悪い影響をあたえます。**

マヨネーズは，積極的に取り入れたい

食事のポイントは，食事の量に対して摂取エネルギーを多くして，タンパク質をしっかりとるということです。また，消化のよいものにする，食欲が増すような調理方法にすることも大切です。

薬味や香辛料などを使えば風味がよくなり，食欲が増します。酢の物もさっぱりして食べやすいです。また，マヨネーズは高カロリーで，積極的に取り入れたい調味料なので，しょうゆやケチャップを入れてみたり，マヨネーズからタルタルソースをつくってみたりするのも味に変化が出るのでおすすめです。牛乳にもはちみつや砂糖を入れて，高カロリーにするとよいでしょう。

やせを改善する食事

やせを改善するための食品選びの目安と，
おすすめの料理です。

食品選びの目安

	食品	量の目安
主食	ご飯，パン，めん	多め
主菜	肉，魚貝，卵	多め
	大豆・大豆製品	多め
副菜	淡色野菜	普通
	緑黄色野菜	普通
	イモ，カボチャ	多め
	海草，きのこ，コンニャク	ひかえめ
	漬物	普通
	果物	普通
	牛乳・乳製品	極力多め
調味料	油	多め
	砂糖	多め
	塩，しょうゆ，みそ	普通
	酢	多め
	香辛料	多め
嗜好品	和菓子	多め
	洋菓子	多め
	アルコール飲料	普通
	カフェイン飲料	普通
	炭酸飲料	普通

（出典：『食事指導のABC 改訂第3版』，監修／中村丁次，日本医事新報社，2008年発行）

おすすめ料理

・とろみのあるスープ
・薬味や香辛料，ゴマなどを加える
・マリネなどの酢の物
・酢豚などのすっぱい味のする揚げ物

博士！
教えて!!

頭の良くなる食べ物ってあるの？

博士，頭がよくなる食べ物ってあるんですか？

ふむ。魚には，「DHA」という成分が多く含まれておる。ラットを用いた実験で，DHAを多く含んだ餌を与えたところ，正答率が高くなったり，脳のはたらきが活発になったりしたようじゃな。

へぇ～。最近，勉強がはかどらないから，もっと魚を食べよっかな。

脳の活動に必要なエネルギー源は，炭水化物が消化されてできるブドウ糖じゃ。炭水化物が不足すると，脳がはたらかんぞ。

じゃあこれからは，ご飯と魚をたくさん食べます！

ふぉっふぉっふぉっ。食事や食品成分の研究は幅広くなされており，いろいろな情報が飛びかっておる。じゃが重要なのは，いろいろな食品をバランスよく食べ，健康的な食生活を送ることじゃぞ。

6 美しい肌になりたければ，タンパク質をとろう

表面を手入れするだけでは，美しい肌にはならない

美しい肌と聞いて，手入れのゆきとどいた肌をイメージする人は多いでしょう。**しかし，睡眠不足になったりストレスがたまったりすれば，肌の状態は悪くなります。また，病気になれば，皮膚の色が悪くなります。**つまり，表面を手入れするだけでは美しい肌にはならず，美肌のためには体が健康でなければいけないのです。まさに，皮膚は内臓の鏡なのです。

タンパク質は，肌の艶を増すようにはたらきかける

美しい肌を手に入れるための食事としては，動物性タンパク質を積極的にとるようにしましょう。食品に含まれるタンパク質は，体内でアミノ酸に分解されて吸収され，再度体を構成するタンパク質の元になります。つまり，体を健康に保ち，肌の艶を増すようにはたらきかけるのです。ただし，動物性の油脂をとりすぎると，皮脂の分泌量がふえてニキビの原因になるので，注意しましょう。

また，各種ビタミン類は皮膚の代謝をよくするため，ほどよく摂取したいものです。便秘も美肌の大敵なので，食物繊維もしっかりとるようにしてください。

美しい肌を手に入れる食事

美しい肌を手に入れるための食品選びの目安と，
おすすめの料理です。

食品選びの目安

	食品	量の目安
主食	ご飯，パン，めん	普通
主菜	主菜肉，魚貝，卵 大豆・大豆製品	普通 普通
副菜	野菜 緑黄色野菜 イモ，カボチャ 海草，きのこ，コンニャク 果物 牛乳・乳製品	普通 多め 普通 多め 多め 多め
調味料	油（植物油） 砂糖 塩，しょうゆ，みそ 酢 香辛料	普通 ひかえめ 普通 普通 普通
嗜好品	菓子 アルコール飲料 カフェイン飲料 炭酸飲料	極力ひかえめ 禁止食品 禁止食品 禁止食品

（出典：『食事で病気を治す本 新版』，著／中村丁次，法研，1992年発行）

おすすめ料理

・肉，魚，卵などを使ったタンパク質豊富な料理
・緑黄色野菜にゴマやアーモンドを加えたサラダ
・ビタミンCが豊富な果物

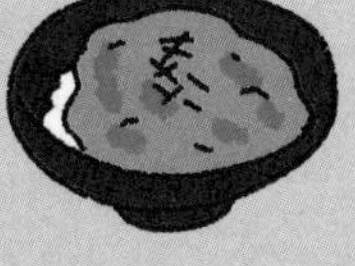

7 脱毛や白髪を解決できる食事はないという現実

毛周期がくずれると，脱毛症になる

毛髪には，三つの時期があります。成長をつづける「成長期」，成長が止まる「退行期」，新たな毛が形成されはじめて古い毛が抜ける「休止期」です。1本1本の毛髪は，三つの時期を順番にくりかえしており，その周期は「毛周期」とよばれます。**この毛周期が，何らかの原因でくずれると，毛髪の量が減って「脱毛症」になります。**脱毛症には，円形の脱毛がおこる「円形脱毛症」や，男性ホルモンの分泌過剰による「壮年性脱毛症」があります。

海藻類がいいということに，医学的根拠はない

毛髪の色は，メラニンという色素によるものです。何らかの原因でメラニンがつくられなくなると，白髪になります。**白髪は，遺伝的な要素が強く，白髪になりやすい人とそうでない人がいます。**また，過度のストレスや栄養不良，代謝障害なども，白髪の原因です。

脱毛症や白髪は，残念ながら食事で根本的に解決することはむずかしいといわれています。よく，海藻類が髪の毛によいといわれていますけれど，そこに明確な医学的根拠はありません。

毛髪によいとされる食事

毛髪によいとされる食品選びの目安と，おすすめの料理です。しかし，脱毛症や白髪は，残念ながら食事で根本的に解決することはむずかしいといわれています。

食品選びの目安

	食品	量の目安
主食	ご飯，パン，めん	普通
主菜	主菜肉，魚貝，卵 大豆・大豆製品	多め 普通
副菜	野菜 イモ，カボチャ 海草，きのこ，コンニャク 果物 牛乳・乳製品	普通 普通 普通 普通 多め
調味料	油 砂糖 塩，しょうゆ，みそ 酢 香辛料	ひかえめ 普通 普通 普通 普通
嗜好品	菓子 アルコール飲料 カフェイン飲料 炭酸飲料	普通 普通 普通 普通

（出典：『食事で病気を治す本 新版』，著/中村丁次，法研，1992年発行）

おすすめ料理

・レバーを使った料理
・乳製品

脚気の原因の究明

19世紀、オランダ領東インド（現在のインドネシア）では「脚気」という病気が流行
神経障害による感覚麻痺運動障害を引きおこし最悪の場合死亡する病気だ
オランダの軍医クリスティアーン・エイクマン（1858～1930）は原因究明のために赴任
脚気と同じ症状だ
ニワトリが同様の病気になることに気づいた
ニワトリはえさが玄米なら発症せずえさが白米なら発症した。エイクマンは玄米に脚気の解毒物質が含まれていると考えた
玄米に解毒物質？
玄米
その後の研究で玄米には解毒物質ではなく脚気の発症を防ぐ栄養素が含まれていることが判明
先輩の仮説、ちがいます
うん、認める
この栄養素はのちにビタミンB_1とよばれるようになった

鈴木梅太郎とライバルの戦い
エイクマンたちが追った脚気に有効な物質が何なのかを特定したのは農芸化学者の鈴木梅太郎（1874～1943）
東京帝国大学の農学科をトップの成績で卒業した秀才
脚気を予防、治療する物質を鈴木は1910年に抽出。ポーランドの生化学者であるカシミール・フンク（1884～1967）も1911年に抽出
日本語の論文は1910年に発表しました
鈴木はこの物質を稲の学名にちなんで「オリザニン」と命名。1912年、ドイツの化学誌にも発表した
ライバルのフンクもほぼ同時期に論文を発表。「ビタミン」と命名
国際的な化学誌に論文をもう少し早く発表できていればなあ
フンクのほうが国際学会での発表が先だったためビタミンの名称が一般的となった
鈴木はビタミンを単なる脚気に有効な成分というだけでなく生存に不可欠な未知の栄養素であると強調
ビタミンの概念を提唱しました
「タンパク質」「糖質」「脂質」「ミネラル」につづく新たな栄養素だと見抜いていた

5. 病気になったときの食事

病気からの回復にも，病気にならないように予防するためにも食事の内容が重要です。第5章では，病気や症状ごとに，どのような食事をとればよいかみていきましょう。

1 便秘になったら，刺激的な食事で大腸に活！

食物繊維は，便の量をふやして腸管を刺激

便秘になると，便がかたすぎて排便に苦労したり，定期的に出るはずの便が出なくておなかに不快感が生じたりします。便秘を食べ物で改善するには，次の五つの点に注意しましょう。

一つ目は，食物繊維の多い食材を摂取し，排便をうながすことです。植物に含まれる「セルロース」や「ヘミセルロース」という種類の食物繊維は，便の量をふやして腸管を刺激します。二つ目は，冷たい飲み物や牛乳を飲むことです。冷たい温度や，牛乳に含まれる「ラクトース」という糖分が，胃や大腸の反射的な運動をおこしやすくします。

塩や砂糖をふやすと，便がやわらかくなる

三つ目は，果物をとることです。果物に含まれる「リンゴ酸」や「クエン酸」などが腸内の粘膜を刺激して，排便をうながします。四つ目は，香辛料やアルコールなどの刺激物を食べて，腸管を刺激することです。**五つ目は，濃い味つけをすることです。塩や砂糖の使用をふやすと，腸が外から水分を取りこもうとする力が高まります。**これが便をやわらかくすることにつながり，排便がしやすくなります。

便秘を改善する食事

便秘を改善するための食品選びの目安と，
便秘のときの食事の五つのポイントです。

食品選びの目安

	食品	量の目安	
		便秘（弛緩性）	便秘（痙攣性）
主食	ご飯 パン，めん，お粥	多め 普通	ひかえめ 多め
主菜	肉，魚貝，卵 大豆・大豆製品	普通 多め	普通 ひかえめ
副菜	淡色野菜 緑黄色野菜 イモ，カボチャ 海草，きのこ，コンニャク 漬物 果物 牛乳・乳製品	多め 多め 多め 極力多め 普通 多め 多め	ひかえめ ひかえめ ひかえめ 極力ひかえめ 普通 ひかえめ ひかえめ
調味料	油 砂糖 塩，しょうゆ，みそ 酢 香辛料	普通 普通 普通 普通 多め	普通 普通 普通 普通 極力ひかえめ
嗜好品	和菓子 洋菓子 アルコール飲料 カフェイン飲料 炭酸飲料	普通 普通 普通 普通 普通	普通 普通 禁止食品 禁止食品 禁止食品

（出典：『食事指導のABC 改訂第3版』，監修/中村丁次，日本医事新報社，2008年発行）

便秘のときの食事の五つのポイント

食物繊維を
とる

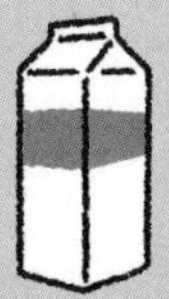

冷たい飲み物を
飲む

果物を
食べる

刺激物を
とる

味つけを
濃くする

2 口内炎になったら，やわらかい食べ物でしのぐ

原因で最も多いのは，体力低下やビタミン不足

口内炎は，舌や唇，頬の内側などの口腔内の粘膜で炎症がおきている状態です。炎症部位が小さくても，口の中では大きな痛みに感じられ，食事や会話にさしつかえることもあります。最も多いのは，体力の低下や睡眠不足，ビタミン類の不足によっておきる「アフタ性口内炎」です。ほかには，ウイルスの感染やカビなどの真菌の増殖によって炎症がおきる「ウイルス性口内炎」や，口腔内が傷ついて炎症に発展する「カタル性口内炎」などがあります。

口当たりがよくて，水分豊富な食べ物をとる

口内炎を改善するためには，日々の食事の際に炎症を悪化させないことが重要です。そのために望ましいのは，口当たりがよくてやわらかく，水分を多く含む食べ物をとり，口腔内を刺激しないことです。具体的には，茶わん蒸しや絹ごし豆腐，プリン，冷や麦，ヨーグルトなどがよいでしょう。あんかけなどのとろみをつけた調理にすることで，食事中の口腔内の痛みを緩和することもできます。また，食事の温度を人肌程度にすると，低刺激になります。

口内炎のときの食事

口内炎でも食べやすい食事を示しました。口当たりがよく，炎症を刺激しないものが推奨されます。逆に，固かったり，辛かったりするものはさけましょう。

口内炎でも食べやすい食事

特　徴	具体例や注意点
口当たりがよい食事	茶わん蒸しや卵豆腐など，口腔内で流動しやすい食事がよいでしょう。繊維の多い野菜など，咀嚼回数が多くなる固形の食べ物は，口内炎を刺激しやすいため推奨しません。
水分の多い食事	冷や麦やヨーグルト，プリンなど，水分の多い食事がよいでしょう。スナック類など乾燥した食べ物は，破片が口内炎を傷つける可能性があるため，推奨しません。
人肌くらいの温度	食べ物や飲み物は，人肌程度の温度にして食べるのがよいでしょう。熱すぎたり冷たすぎたりする飲食物は，口内炎を刺激しやすいため，推奨しません。
薄味の調理	料理は，だしを効かせてさっぱりめに味つけをするのがよいでしょう。塩味，甘味，酸味の強い食べ物は，口内炎にしみる可能性があるため，推奨しません。

推奨される食べ物

・冷や麦
・ヨーグルト
・茶碗蒸し

さけるべき食べ物

・スナック類
・サツマイモ
・トウガラシ

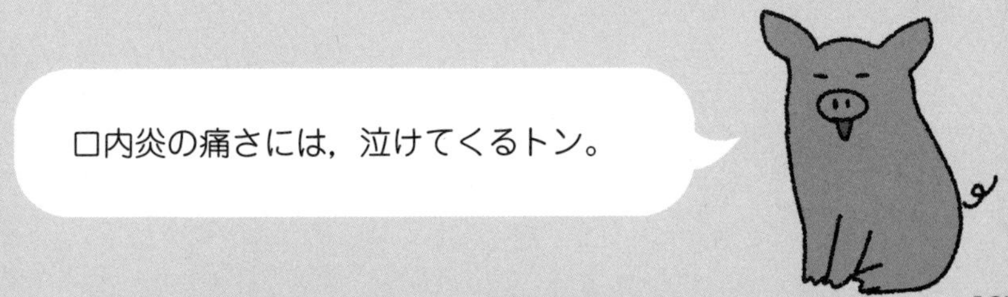

3 胃炎になったら，消化しやすい食事で胃をいたわる

食事の回数をふやして，少量ずつ食べる

食べすぎたり，アルコールを飲みすぎたりした翌日には，急性胃炎になることがあります。急性胃炎では，粘膜の炎症や胃液の分泌の増加がおき，胃の不快感や食欲不振，気もち悪さなどを感じます。

急性胃炎がおきているときに望ましいのは，胃に負担の少ない食べ物をとることです。具体的には，低脂質の食べ物，消化しやすい食べ

急性胃炎のときの食事

急性胃炎のときの，食事療法の進め方です。急性胃炎をなおすためには，安静に過ごしながら，症状が消えるまで食事療法を行います。

1日目

急性胃炎を発症した日は絶食し，水分の補給にとどめます。胃への刺激を防ぐために，水分は人肌程度の温度にしましょう。

2日目

絶食後は，おかゆなどの，消化しやすい糖質を中心とした食事を再開します。

物，刺激のない食べ物です。胃液の過剰な分泌を防ぐために，食事の回数をふやして，少量ずつ食べるのがよいでしょう。

アルコールやカフェインも，ひかえる

1日目は断食し，ぬるめのお湯や緑茶，麦茶で過ごします。2日目は，おかゆなどの消化しやすい糖質を中心にとり，40～500キロカロリーを目安にします。3日目は，豆腐や牛乳など，糖質以外の栄養素も取り入れます。600～900キロカロリーを目安にしましょう。

4～5日目からは，やわらかく，低脂質の料理を取り入れ，1000～1500キロカロリーを目安にします。香辛料などの刺激物はさけます。アルコールやカフェインも，症状がなくなるまではひかえましょう。

3日目

流動性のあるタンパク質や乳化脂肪など，消化しやすい栄養素の補給を再開します。牛乳や豆腐が適切です。

4日目～5日目

やわらかくて低脂肪な料理を取り入れていきます。茶わん蒸しなどの蒸し物や，白身魚の煮つけなどの煮物が向いています。

食べてすぐ寝ると牛になる

食べてすぐ寝ると牛になる，という言葉があります。**これは，食事をしたあとすぐに横になるのは，ウシのようで行儀が悪いという意味です。**

ウシは，草食動物です。草の繊維質は，消化に手間がかかります。このためウシは，食べた草を口でよくかみ，胃に送って部分的に消化したあと，再び口に戻してよくかむ，という過程をくりかえします。これを，「反芻《はんすう》」といいます。草を何度もかみくだいて唾液と混ぜあわせ，胃の中にすむ微生物の力を借りながら消化するのです。**ウシが食べてすぐ横になるのは，反芻を楽な姿勢で行うためでもあるようです。**

私たちが食べてすぐ横になることは，体に何か悪い影響があるのでしょうか。**食べてすぐに横になると，胃酸が食道に逆流して食道の炎症を引きおこす，「逆流性食道炎」が発生しやすくなるといいます。**食後しばらくは，横になるのはさけた方がよさそうです。

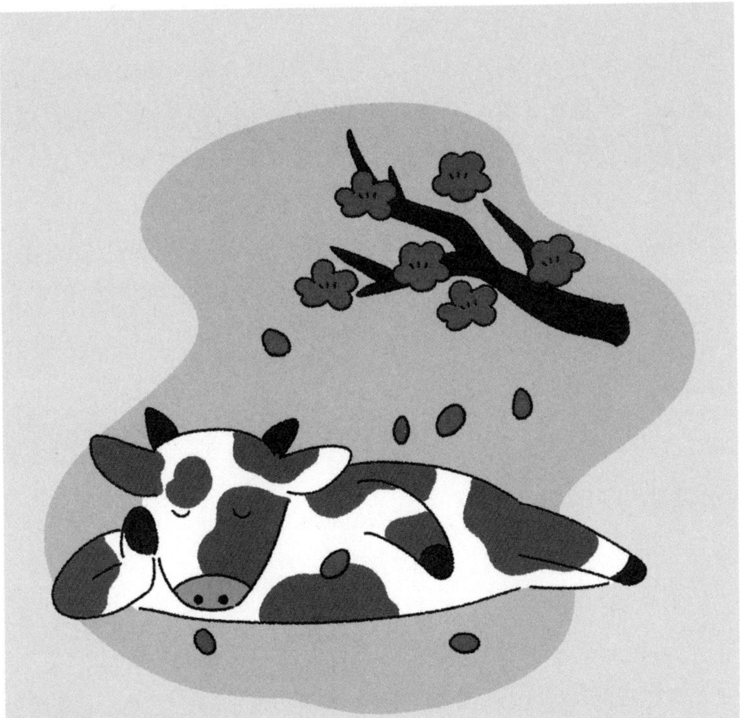

4 風邪になったら，栄養や水分をとって体を休めよう

風邪は，免疫反応の力でなおすしかない

寝不足などで体力が落ちているときや，空気が乾燥した冬の時期には，風邪をひきやすくなります。風邪の原因の80 ～ 90%は，風邪ウイルスです。多くの風邪は，鼻からのどの奥にかけての「上気道」に風邪ウイルスが感染し，炎症を引きおこすことで発症します。

風邪を完全になおす薬は存在せず，免疫反応の力でなおすしかありません。免疫反応を高めるには，安静，保湿，そして栄養が大切です。

食欲がわかないときは，流動食から糖分をとる

免疫反応では，エネルギー，タンパク質，ビタミン，電解質，水分などが多く消費されるため，食事で補う必要があります。エネルギーは，ご飯やパン，はちみつ，ジャムなどから，糖分をとることで補給します。しかし風邪の症状がひどいときには，食欲がわかないかもしれません。**そのような場合には，プリンやアイスクリーム，おかゆなどの流動食から糖分をとるように心がけます。**水分補給には，スポーツドリンクやジュース，野菜スープなど，水分と同時にエネルギーや電解質，ビタミンを摂取できるものがよいでしょう。

風邪のときの食事

風邪を早く治すための食事です。風邪の際には，免疫反応で使われるエネルギーや成分を補給することが大切です。水分は，1日に1000～1500ミリリットルを目安に補給します。

水分補給が基本

水分といっしょに糖分や電解質，ビタミンなどを補給できるものがよいでしょう。スポーツドリンクやジュース，野菜スープが適切です。

食欲がないときにとる

食事が食べられないときには，プリンやアイス，おかゆなどの流動性のある食べ物から，最低限の糖分を補給します。

下痢のときにひかえる

下痢が発生するときには，排便をうながす食材の摂取はひかえます。具体的には，食物繊維を含む根菜やコンニャク，キノコ類，腸管を刺激する揚げ物などです。

5 食中毒になったら，まずは飲み物から栄養をとる

菌や毒素を，体外に排泄するための症状が出る

食中毒は，飲食物に含まれる有害な細菌や毒素が体内に入りこむことで引きおこされます。悪心，嘔吐，腹痛，下痢，発熱など，食中毒の原因となる菌や毒素を体の外に排泄するための症状が出ます。

食中毒になった際，悪心や嘔吐，下痢が発生する場合は食事をとらずに，腸を安静にします。**悪心や嘔吐がおさまってきたら，湯冷ましやスポーツ飲料などを少量ずつ，頻繁に飲むようにします。**嘔吐しないようであれば，牛乳やジュース，野菜スープなどの，栄養のとれる流動食をとるようにします。

おかゆの次は，食物繊維が少ない食事をとる

さらに症状が回復してきたら，水分の多いおかゆから食事を再開します。おかゆは，米とお湯の割合が3対7の「3分粥」からはじめ，かたさを少しずつ通常のご飯までもどしていきます。**おかゆになじんできたら，次は食物繊維が少なく，胃での停滞時間が短い食事をとるようにします。**症状の回復に合わせながら，通常の食事までもどしていきます。

食中毒の回復期の食事

食中毒の回復期にとる食事です。悪心や嘔吐，下痢の症状がおさまってきたら，少しずつ食事を再開します。食事は，「流動食」「軟食」「易消化食」の順に進めながら，元の食事内容にもどしていきます。

流動食

流動食は，固形物を除去した流動性のある食事のことです。具体的には，湯冷まし，ほうじ茶，野菜スープ，牛乳，ジュースなどです。咀嚼しないで食べられる，消化がよい，刺激が少ないといった特徴があります。

軟食

軟食は，ふだんの食事よりやわらかく消化のよい食事のことです。主食はおかゆとします。３分粥から，徐々にお湯の割合を下げて，通常のご飯までもどしていきます。ご飯までもどせたら，味噌汁や煮物など，やわらかく調理した主菜を取り入れていきます。

易消化食

易消化食は，消化しやすい食事のことです。消化しにくい食物繊維の量が少ない，胃の中での停滞時間が短い，消化管への刺激が少ないといった特徴があります。具体的には，豆腐の卵とじ，サンドイッチ，ポタージュ，肉団子のあんかけなどの献立が考えられます。

まずは少量の湯冷ましやスポーツ飲料からはじめて，嘔吐しないようなら流動食にうつるのだ。

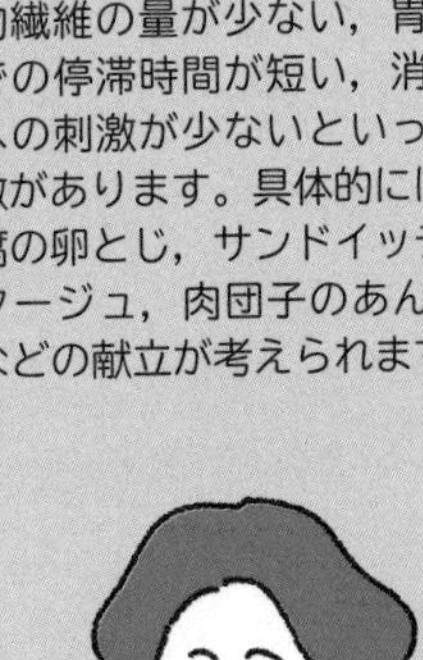

6 とにかくレバー。貧血の緩和には，「ヘム鉄」が効果的

最もおきやすい貧血は，鉄不足が原因

私たちの体は，血液中の「ヘモグロビン」が酸素を体のすみずみまで運んでくれることで，正常に機能します。ヘモグロビンが不足して酸素が十分に行き渡らなくなると，貧血になります。**最もおきやすい貧血は，ヘモグロビンをつくる材料の鉄が不足する，「鉄欠乏性貧血」です。**

鉄は，「ヘム鉄」の形で摂取すると，吸収率が高い

鉄不足は，病院で処方される鉄剤で補うのが基本です。加えて，体内で鉄が使われやすい状態の人や，鉄の摂取量が少ない食生活の人では，適量の食事を1日3食とることと，血をつくるための栄養素をとることが効果的です。血をつくるための栄養素としては，鉄，タンパク質，ビタミンB群，ビタミンC，葉酸，銅があります。

鉄は，「ヘム」という分子と結びついた「ヘム鉄」の形で摂取すると，吸収率を15～25パーセントにあげることができます。**ヘム鉄は，動物性の食品に含まれており，とくにブタやトリのレバー，貝類に多く含まれています。**また，緑茶には，血をつくるのに必要なビタミンB群やビタミンC，銅や葉酸などが含まれており，効果的です。

鉄欠乏性貧血を改善する食事

鉄欠乏性貧血を改善するための食品選びの目安と，ヘム鉄を多く含む食品の例です。ヘム鉄は，動物性の食品に含まれています。

食品選びの目安

	食品	量の目安
主食	ご飯，パン，めん	普通
主菜	肉 魚貝 卵 大豆・大豆製品	多め 多め 普通 普通
副菜	淡色野菜 緑黄色野菜 イモ，カボチャ 海草，きのこ，コンニャク 漬物 果物 牛乳・乳製品	普通 多め 普通 普通 普通 多め 普通
調味料	油 砂糖 塩，しょうゆ，みそ 酢 香辛料	普通 普通 普通 多め 多め
嗜好品	和菓子 洋菓子 アルコール飲料 カフェイン飲料 炭酸飲料	普通 普通 普通 ひかえめ 普通

（出典：『食事指導のABC 改訂第3版』，監修／中村丁次，日本医事新報社，2008年発行）

ヘム鉄を多く含む食品の例

レバー

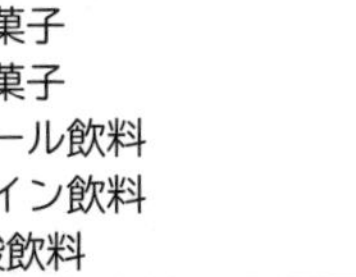
貝類

7 「骨粗鬆症」の予防には，カルシウムやビタミンD

骨に多数のすき間ができ，骨折しやすくなる

閉経後の女性は，「骨《こつ》粗《そ》鬆症《しょうしょう》」になりやすいことが知られています。**骨粗鬆症とは，骨に多数のすき間ができ，わずかな力で骨折しやすい状態になる骨の病気です。**健康な骨は，「破骨細胞」が骨を破壊する作用と，「骨芽細胞」が骨をつくる作用のバランスが保たれることで，維持されています。閉経後の女性は，骨の破壊の割合が高まります。

ビタミンDは，カルシウムの吸収を増加させる

骨粗鬆症の予防には，骨の形成の度合が高まる成長期にカルシウムを摂取し，最大骨量を高めておくことが重要です。**しかし成人になってからでも，カルシウムや骨の健康にかかわる栄養素をバランスよく摂取することで，予防につなげることができます。**カルシウムは，1日に700～800ミリグラムの摂取が目安です。タンパク質は，骨の材料の一部となるほか，骨の形成を促進するはたらきがあるため，1日に体重1キログラムあたり1.0グラムをとることが望ましいです。ビタミンDは，カルシウムの吸収を増加させるため，1日に10～20マイクログラムを摂取するとよいです。ビタミンKは，骨の破壊をおさえるため，250～300マイクログラムの摂取が推奨されています。

骨粗鬆症を予防する食事

骨粗鬆症を予防するための食品選びの目安と，
骨の形成に重要な三つの栄養素です。

食品選びの目安

	食品	量の目安
主食	ご飯，パン，めん	普通
主菜	肉	普通
	魚貝	極力多め
	卵	普通
	大豆・大豆製品	多め
副菜	淡色野菜	普通
	緑黄色野菜	多め
	イモ，カボチャ	普通
	海草	多め
	きのこ，コンニャク	ひかえめ
	漬物	普通
	果物	普通
	牛乳・乳製品	極力多め
調味料	油	普通
	砂糖	多め
	塩，しょうゆ，みそ	普通
	酢	普通
	香辛料	普通
嗜好品	和菓子	普通
	洋菓子	普通
	アルコール飲料	ひかえめ
	カフェイン飲料	ひかえめ
	炭酸飲料	普通

（出典：『食事指導のABC 改訂第3版』，監修／中村丁次，日本医事新報社，2008年発行）

カルシウム
小魚や牛乳，チーズ，大豆製品，緑黄色野菜などに多く含まれています。

ビタミンD
魚類やキノコ類などに多く含まれています。

ビタミンK
緑黄色野菜や納豆に多く含まれています。

博士！
教えて!!

給食の献立は，だれが決めてるの？

博士，学校の給食の献立って，だれが決めてるんですか？

管理栄養士や栄養士の資格をもっている，栄養教諭の先生などが考えているんじゃ。

毎日がカレー大盛りだったらいいのに。

ふぉっふぉっふぉっ。そういうわけにはいかんぞ。給食は，エネルギーの量や栄養のバランスが大切じゃ。エネルギーは，1日の推奨量の3分の1になるように調整されておるし，家庭の食事で不足しやすいカルシウムは，推奨量の半分がとれるように配慮されておる。

献立を決めるのは，たいへんなんですね。

うむ。それに，衛生管理も大切じゃ。給食の時間の30分前までに責任者が実際に食べて，味や香りに異常がないか，内容が適切かなど，チェックすることになっておる。それから，原材料や調理済みの給食などを2週間以上，冷凍保存しなければならないんじゃ。これは，食中毒などがあった場合の原因調査に，欠かせないんじゃよ。

8 塩追放！　高血圧は，だしや香辛料を使って改善

運動や食事といった生活習慣が，主な原因

生活習慣病の一つに，高血圧があります。**高血圧とは，心臓から送りだされた血液が動脈を通って運ばれるときに，動脈の血管壁にかかる圧力が高くなっている状態のことです。**高血圧は，血圧の上（心臓が収縮したときの血圧）が140mmHg以上，血圧の下（心臓が拡張したときの血圧）が90mmHg以上の場合を指します。高血圧の約90パーセントは，運動や食事といった生活習慣が主な原因です。

味を濃く感じるくふうをするとよい

高血圧には，食塩の摂取量が影響することがわかっています。**高血圧を改善するためには，食塩摂取量が1日6グラム未満になるように食塩制限を行います。**ただし，減塩食は通常の食事とくらべてもの足りない感じがすることがあります。このため，舌のしくみを利用して，味を濃く感じるくふうをするとよいでしょう。たとえば塩味は，だし汁などのうま味といっしょにとることで強く感じることができます。また，香辛料などの辛味や，レモン汁などの酸味を加えることで，弱い塩味でも満足感を得られやすいといわれています。

高血圧を改善する食事

高血圧を改善するための食品選びの目安と，減塩食でもおいしさをそこなわないためのくふうです。

食品選びの目安

	食品	量の目安	
		高血圧	高血圧（肥満を合併）
主食	ご飯，パン めん	普通 ひかえめ	ひかえめ ひかえめ
主菜	肉 魚貝 卵 大豆・大豆製品	普通 多め 普通 多め	普通 多め 普通 多め
副菜	淡色野菜 緑黄色野菜 イモ，カボチャ 海草，きのこ，コンニャク 漬物 果物 牛乳・乳製品	普通 多め 普通 多め 極力ひかえめ 多め 多め	普通 多め ひかえめ 多め 極力ひかえめ 普通 普通
調味料	油（植物油） 砂糖 塩，しょうゆ，みそ 酢 香辛料	（多め） 普通 極力ひかえめ 多め 普通	ひかえめ 極力ひかえめ 極力ひかえめ 多め 普通
嗜好品	和菓子 洋菓子 アルコール飲料 カフェイン飲料 炭酸飲料	普通 普通 ひかえめ ひかえめ 普通	極力ひかえめ 極力ひかえめ 極力ひかえめ ひかえめ 禁止食品

（出典：『食事指導のABC 改訂第3版』，監修/中村丁次，日本医事新報社，2008年発行）

うま味と塩味の「対比効果」

塩をかけるかわりに，うま味調味料や出汁をかけるとよいでしょう。

酸味は塩味を強める

塩をかけるかわりに，レモン汁や酢をかけるとよいでしょう。

辛味は塩味を強める

塩をかけるかわりに，唐とう辛がら子し や七味をかけるとよいでしょう。

9 肉よりも魚。コレステロール減で，「動脈硬化」を予防

動脈硬化が進むと，命を落とす危険

「動脈硬化《どうみゃくこうか》」とは，動脈の血管壁が部分的に厚くかたくなり，血管がせまくなった状態のことです。動脈硬化が進行すると，「脳血管障害」や「心筋梗塞《しんきんこうそく》」などの病気にかかり，命を落とす危険性が高まります。

動脈硬化の原因の一つは，「LDLコレステロール」の値が高くなることです。**動脈硬化の予防には，「n-3系多価不飽和脂肪酸」とよばれる脂質の摂取をふやし，「n-6系多価不飽和脂肪酸」とよばれる脂質の摂取を減らすことが有効だと考えられています。**

調理用の油を，オリーブ油にかえることも有効

n-3系多価不飽和脂肪酸は，魚介類やオリーブ油などに含まれています。一方，n-6系多価不飽和脂肪酸は，コーン油や大豆油などに含まれています。**タンパク質を肉類よりも魚介類から摂取したり，調理用の油をオリーブ油にかえたりすることが有効です。**

また，水溶性食物繊維の摂取は，血液中の総コレステロール値を減少させるはたらきがあります。ビタミンCやビタミンEなどの抗酸化物質の摂取は，動脈硬化のリスクを下げることにつながります。

動脈硬化を改善する食事

動脈硬化を改善するための，食事の三つのポイントです。n-3系多価不飽和脂肪酸や水溶性食物繊維を含む食品を食べることが有効です。また，抗酸化物質は，LDLコレステロールの酸化を防ぎ，動脈硬化を予防します。

n-3系多価不飽和脂肪酸
n-3系多価不飽和脂肪酸は，サンマやマグロ，サバ，アンコウの肝臓などの魚介類や，オリーブ油，なたね油などに含まれています。

水溶性食物繊維
水溶性食物繊維は，ライ麦などの穀物，ゴボウなどの根菜，干しシイタケなどのキノコ類，インゲンマメなどの豆類，ワカメなどの海藻に含まれています。

抗酸化物質
レモン，キャベツ，緑茶などに含まれるビタミンC，ナッツ類やうなぎなどに含まれるビタミンE，トマトに含まれるリコピンなどは，抗酸化物質です。

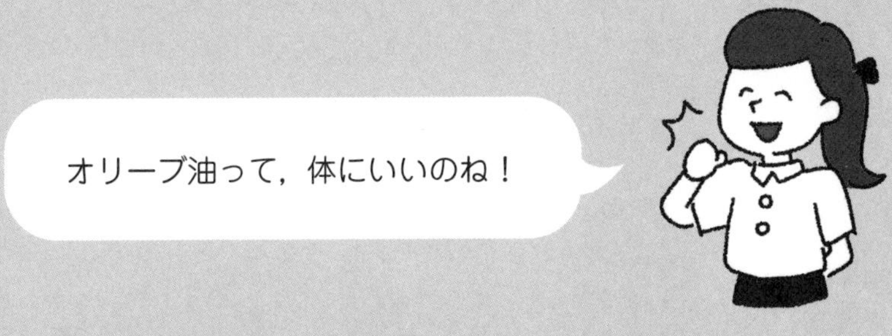

10 酒や高カロリーな食事が，肝臓をこわす

飲酒量が多いほど，発症率があがる

肝臓は，食事から得た栄養の分解や貯蔵のほか，アルコールや薬物の分解など，幅広い物質の代謝を行う臓器です。**大量の飲酒を長期にわたってつづけていると，肝臓の病気に発展することがあります。**アルコールが原因でおこる肝臓の病気には，「アルコール性脂肪肝」「アルコール性肝炎」「アルコール性肝硬変」などがあります。これらは，過去にアルコールを飲んだ量が多いほど，発症率があがります。

肝炎が進行すると，肝臓の細胞が壊死する

アルコール性脂肪肝は，肝臓に脂肪が蓄積した状態です。対策としては，糖分や脂肪からのエネルギー摂取を制限します。同時に，タンパク質を体重1キログラムあたり1.1～1.2グラム摂取することが推奨されています。アルコール性肝炎は，肝臓で炎症がおきている状態です。**エネルギー過多にならないように気をつけながら，栄養バランスのよい食事を心がけます。**アルコール性肝硬変は，肝炎の進行によって，肝臓の細胞が壊死したりかたくなったりした状態です。医師と相談しながら，必要な栄養素を補給するようにします。

肝臓の不調を改善する食事

肝臓の不調を改善するための，食品選びの目安です。医師による診断，指導を受けたうえで，個人の症状に合わせた食事療法と禁酒を行うのが鉄則です。

食品選びの目安

	食品	量の目安				
		急性肝炎（回復期）	慢性肝炎	肝硬変（症状あり）	肝硬変（症状なし）	脂肪肝
主食	ご飯，パン，めん	普通	普通	普通	普通	ひかえめ
主菜	肉，魚貝，卵	普通	多め	極力ひかえめ	多め	普通
	大豆・大豆製品	普通	多め	ひかえめ	多め	普通
副菜	淡色野菜	普通	普通	普通	普通	普通
	緑黄色野菜	多め	多め	多め	多め	多め
	イモ，カボチャ	普通	普通	多め	普通	ひかえめ
	海草，きのこ，コンニャク	普通	普通	ひかえめ	多め	極力多め
	漬物	普通	普通	極力ひかえめ	普通	普通
	果物	普通	普通	普通	普通	普通
	牛乳・乳製品	多め	多め	ひかえめ	多め	普通
調味料	油	ひかえめ	普通	極力ひかえめ	普通	ひかえめ
	砂糖	多め	多め	極力多め	多め	ひかえめ
	塩，しょうゆ，みそ	普通	普通	極力ひかえめ	ひかえめ	普通
	酢	普通	普通	普通	普通	普通
	香辛料	普通	普通	普通	普通	普通
嗜好品	和菓子	普通	普通	普通	普通	極力ひかえめ
	洋菓子	普通	普通	ひかえめ	普通	極力ひかえめ
	アルコール飲料	禁止食品	禁止食品	禁止食品	禁止食品	禁止食品
	カフェイン飲料	ひかえめ	ひかえめ	ひかえめ	ひかえめ	普通
	炭酸飲料	ひかえめ	ひかえめ	ひかえめ	ひかえめ	極力ひかえめ

出典：『食事指導のABC 改訂第3版』，監修/中村丁次，日本医事新報社，2008年発行）

11 「通風」になったら，酒とも肉ともお別れするしかない

痛風の発症は，欧米型の食生活と関連

「痛風《つうふう》」は，血液中で「尿酸」という物質の量がふえ，足や膝などの関節で尿酸が結晶化し，炎症がおきる病気です。痛風の痛みは強烈で，歩行がむずかしくなることもあります。尿酸は，肝臓で「プリン体」とよばれる物質が代謝されてつくられます。**痛風の発症は，高タンパク質，高脂肪，高エネルギーの欧米型の食生活との関連性が強いことがわかっています。**また，痛風患者の80%は毎日3合以上のお酒を飲み，70%は肥満者であるという調査結果もあります。

動物の内臓や，イワシやサンマの干物に注意

食事は，栄養バランスのよいものを心がけるほか，プリン体の多い食品の食べすぎはひかえます。**動物の内臓や，イワシやサンマの干物などはプリン体を多く含むため，連続して食べないように注意が必要です。**プリン体は水にとけやすい性質をもっているため，肉や魚をたっぷりのお湯でゆで，煮汁を捨てることで，プリン体の摂取量をおさえることができます。アルコールは，体内の尿酸濃度を高めます。痛風になった際の適切な飲酒量は，医師と相談して決めましょう。

痛風を改善する食事

痛風を改善するための食品選びの目安と，
食事の三つのポイントです。

食品選びの目安

	食品	量の目安
主食	ご飯，パン，めん	普通
主菜	肉（内臓）	ひかえめ（禁止食品）
	魚貝（内臓）	ひかえめ（禁止食品）
	卵	普通
	大豆・大豆製品	普通
副菜	淡色野菜	普通
	緑黄色野菜	多め
	イモ，カボチャ	普通
	海草，きのこ，コンニャク	多め
	漬物	ひかえめ
	果物	普通
	牛乳・乳製品	普通
調味料	油	普通
	砂糖	ひかえめ
	塩，しょうゆ，みそ	ひかえめ
	酢	普通
	香辛料	普通
嗜好品	和菓子	ひかえめ
	洋菓子	ひかえめ
	アルコール飲料	極力ひかえめ
	カフェイン飲料	普通
	炭酸飲料	極力ひかえめ

（出典：『食事指導のABC 改訂第3版』，監修／中村丁次，
日本医事新報社，2008年発行）

水分を多くとる

尿の量がふえると，尿酸の排泄量が増し，血中の尿酸濃度を下げることができます。甘い飲み物ではなく，水やお茶で水分をとりましょう。

プリン体を減らす調理法

動物性食品は煮魚や角煮などの煮物にし，煮汁を飲まないことで，プリン体の摂取をおさえることができます。

アルコールをひかえる

禁酒がベストです。少量飲む場合は，1日あたり，日本酒なら150ミリリットル，ビールなら400ミリリットル，ワインなら200ミリリットル程度を目安に制限します。

主な内容

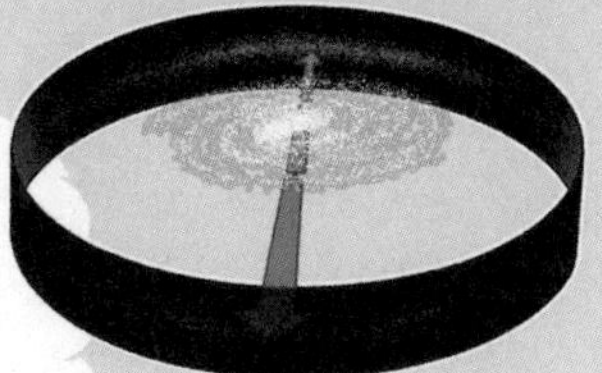

銀河の姿を見てみよう

私たちの銀河は，渦巻模様！
銀河系の直径は，ざっくりとしかわかってない

銀河系の星と星座

はくちょう座は，横から見ると白鳥ではない
明るく見える星は，だいたい近いところにある

銀河は衝突して進化する

銀河系とアンドロメダ銀河が，急接近中！
銀河が衝突しても，星と星はぶつからない

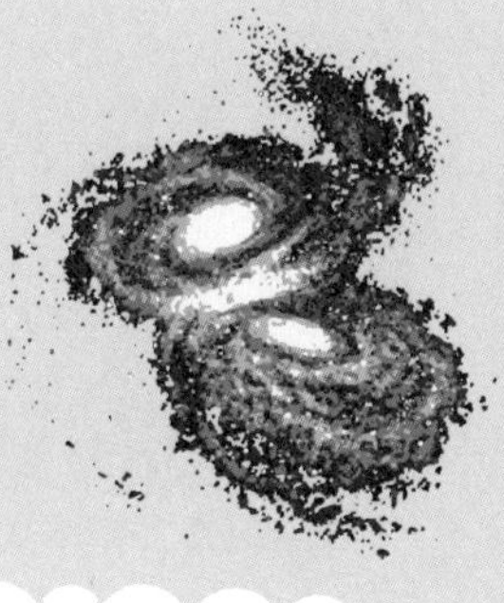

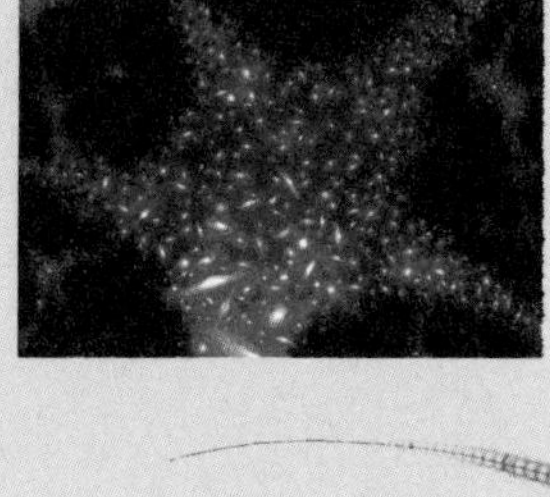

銀河がつくる泡

銀河がどう散らばっているかは，謎だった
銀河の泡は，ダークマターの泡でもある

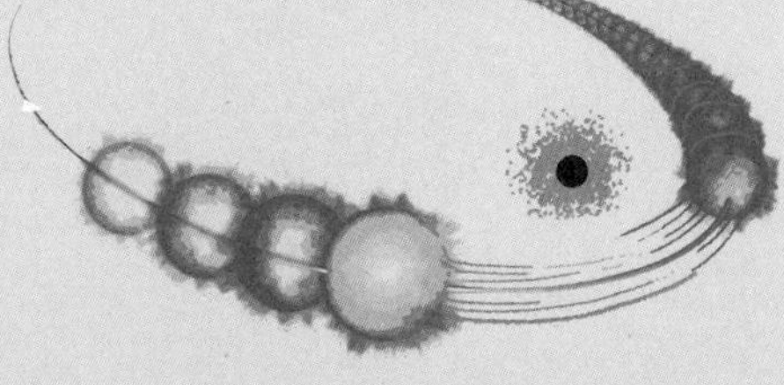

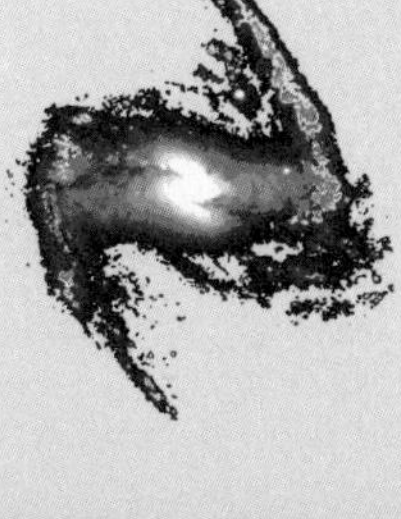

Staff

Editorial Management　木村直之
Editorial Staff　井手 亮，赤谷拓和
Cover Design　岩本陽一
Editorial Cooperation　株式会社 美和企画（大塚健太郎，笹原依子）・青木美加子・寺田千恵

Illustration

表紙カバー　羽田野乃花
表紙　羽田野乃花
10~63　羽田野乃花
65~67　黒田清桐さんのイラストを元に羽田野乃花が作成
69　羽田野乃花
71　黒田清桐さんのイラストを元に羽田野乃花が作成
76~91　羽田野乃花
93　黒田清桐さんのイラストを元に羽田野乃花が作成
95~98　羽田野乃花
101　カサネ・治さんと黒田清桐さんのイラストを元に羽田野乃花が作成
103　羽田野乃花
104~105　黒田清桐さんのイラストを元に羽田野乃花が作成
107　羽田野乃花
109　黒田清桐さんのイラストを元に羽田野乃花が作成
111~121　羽田野乃花
125　黒田清桐さんのイラストを元に羽田野乃花が作成

監修（敬称略）：
中村丁次（神奈川県立保健福祉大学学長）

本書は主に，Newton 別冊『食と栄養の大百科』の一部記事を抜粋し，
大幅に加筆・再編集したものです。

初出記事へのご協力者（敬称略）：
五十嵐 中（東京大学大学院薬学系研究科医薬政策学寄付講座客員准教授）
石井哲也（北海道大学安全衛生本部教授）
上西一弘（女子栄養大学栄養学部栄養生理学研究室教授）
遠藤明仁（東京農業大学生物産業学部食香粧化学科准教授）
古池直子（国立健康・栄養研究所所長付研究連携推進室所属）
旦部幸博（滋賀医科大学病理学講座微生物感染症学部門准教授）
千葉 剛（国立健康・栄養研究所食品保健機能研究部部長）
永井孝志（農業・食品産業技術総合研究機構農業環境変動研究センター上級研究員）
中村丁次（神奈川県立保健福祉大学学長）
廣田晃一（国立健康・栄養研究所 所長付研究連携推進室シニアリサーチフェロー）
山田和彦（女子栄養大学栄養学部生化学研究室教授）

ニュートン式
超図解　最強に面白い!!
食と栄養

2021年2月15日発行

発行人　高森康雄
編集人　木村直之
発行所　株式会社 ニュートンプレス　〒112-0012 東京都文京区大塚3-11-6
https://www.newtonpress.co.jp/

ISBN978-4-315-52325-6